JN271658

● 電気・電子工学ライブラリ ●
UKE-ex.2

演習と応用
電気回路

大橋俊介

数理工学社

編者のことば

電気磁気学を基礎とする電気電子工学は，環境・エネルギーや通信情報分野など社会のインフラを構築し社会システムの高機能化を進める重要な基盤技術の一つである．また，日々伝えられる再生可能エネルギーや新素材の開発，新しいインターネット通信方式の考案など，今まで電気電子技術が適用できなかった応用分野を開拓し境界領域を拡大し続けて，社会システムの再構築を促進し一般の多くの人々の利用を飛躍的に拡大させている．

このようにダイナミックに発展を遂げている電気電子技術の基礎的内容を整理して体系化し，科学技術の分野で一般社会に貢献をしたいと思っている多くの大学・高専の学生諸君や若い研究者・技術者に伝えることも科学技術を継続的に発展させるためには必要であると思う．

本ライブラリは，日々進化し高度化する電気電子技術の基礎となる重要な学術を整理して体系化し，それぞれの分野をより深くさらに学ぶための基本となる内容を精査して取り上げた教科書を集大成したものである．

本ライブラリ編集の基本方針は，以下のとおりである．

1) 今後の電気電子工学教育のニーズに合った使い易く分かり易い教科書．
2) 最新の知見の流れを取り入れ，創造性教育などにも配慮した電気電子工学基礎領域全般に亘る斬新な書目群．
3) 内容的には大学・高専の学生と若い研究者・技術者を読者として想定．
4) 例題を出来るだけ多用し読者の理解を助け，実践的な応用力の涵養を促進．

本ライブラリの書目群は，I 基礎・共通，II 物性・新素材，III 信号処理・通信，IV エネルギー・制御，から構成されている．

書目群 I の基礎・共通は 9 書目である．電気・電子通信系技術の基礎と共通書目を取り上げた．

書目群 II の物性・新素材は 7 書目である．この書目群は，誘電体・半導体・磁性体のそれぞれの電気磁気的性質の基礎から説きおこし半導体物性や半導体デバイスを中心に書目を配置している．

書目群 III の信号処理・通信は 5 書目である．この書目群では信号処理の基本から信号伝送，信号通信ネットワーク，応用分野が拡大する電磁波，および

電気電子工学の医療技術への応用などを取り上げた．

書目群IVのエネルギー・制御は10書目である．電気エネルギーの発生，輸送・伝送，伝達・変換，処理や利用技術とこのシステムの制御などである．

「電気文明の時代」の20世紀に引き続き，今世紀も環境・エネルギーと情報通信分野など社会インフラシステムの再構築と先端技術の開発を支える分野で，社会に貢献し活躍を望む若い方々の座右の書群になることを希望したい．

  2011年9月

       編者 松瀬貢規 湯本雅恵
           西方正司 井家上哲史

「電気・電子工学ライブラリ」書目一覧

書目群I（基礎・共通）
1. 電気電子基礎数学
2. 電気磁気学の基礎
3. 電気回路
4. 基礎電気電子計測
5. 応用電気電子計測
6. アナログ電子回路の基礎
7. ディジタル電子回路
8. ハードウェア記述言語によるディジタル回路設計の基礎
9. コンピュータ工学

書目群II（物性・新素材）
1. 電気電子材料工学
2. 半導体物性
3. 半導体デバイス
4. 集積回路工学
5. 光・電子工学
6. 高電界工学
7. 電気電子化学

書目群III（信号処理・通信）
1. 信号処理の基礎
2. 情報通信工学
3. 情報ネットワーク
4. 基礎 電磁波工学
5. 生体電子工学

書目群IV（エネルギー・制御）
1. 環境とエネルギー
2. 電力発生工学
3. 電力システム工学の基礎
4. 超電導・応用
5. 基礎制御工学
6. システム解析
7. 電気機器学
8. パワーエレクトロニクス
9. アクチュエータ工学
10. ロボット工学

別巻1 演習と応用 電気磁気学
別巻2 演習と応用 電気回路
別巻3 演習と応用 基礎制御工学

はじめに

　本書は先に出版された電気・電子工学ライブラリ『電気回路』の演習書として執筆された．演習によって，電気回路の内容についてさらに習熟することを目的としている．

　本書は内容の概説，例題，演習，そして章末問題から構成されている．それぞれの問題にはできる限り詳細な解説，解答をつけ，理解を深めやすいようにしている．また内容的には『電気回路』ではとりあげなかった，より難度の高いものも含まれているので，意欲をもってチャレンジしてほしい．

　本書の各章は基本的には『電気回路』と同じ章の構成をしている．ただし，交流回路の内容については本書では3章に基礎的な内容をまとめた「交流回路の基礎」とした．さらに，共振回路も含めた応用的な内容については4章「交流回路の応用」として再構成してまとめた．また，通信や制御などへの応用が主になる「二端子対回路」，「分布定数回路」については本書では割愛した．

　最後に本書の執筆にあたり，助力いただいた関西大学システム理工学部電気電子情報工学科電気機器研究室大学院生の小國功一氏，紙谷有喜氏，平澤一哉氏，渡邉優氏をはじめ，研究室学生各位，さらに数理工学社担当各位に謝意を表す．

2014年9月

大橋　俊介

目　　　次

第1章

電気回路の基礎　　　1

- 1.1　電気回路の基本構成要素 …………………………………………… 2
- 1.2　抵　抗　R …………………………………………………………… 3
  - 1.2.1　抵抗の合成 ……………………………………………………… 5
- 1.3　コ イ ル ……………………………………………………………… 7
  - 1.3.1　コイルでのエネルギー ………………………………………… 7
  - 1.3.2　インダクタンスの合成 ………………………………………… 8
- 1.4　コンデンサ …………………………………………………………… 11
  - 1.4.1　コンデンサでのエネルギー …………………………………… 12
  - 1.4.2　キャパシタンスの合成 ………………………………………… 13
- 1章の問題 ………………………………………………………………… 15

第2章

直流抵抗回路と回路網　　　17

- 2.1　直流抵抗回路 ………………………………………………………… 18
- 2.2　直流抵抗回路網 ……………………………………………………… 21
  - 2.2.1　キルヒホフの法則 ……………………………………………… 21
  - 2.2.2　キルヒホフの第一法則（電流則）……………………………… 21
  - 2.2.3　キルヒホフの第二法則（電圧則）……………………………… 22
- 2.3　重ね合わせの理 ……………………………………………………… 24
- 2.4　鳳–テブナンの定理 ………………………………………………… 27
- 2.5　ブリッジ回路 ………………………………………………………… 29
- 2章の問題 ………………………………………………………………… 31

第3章

交流回路の基本　33

- 3.1 正弦波交流 ……………………………………………………… 34
  - 3.1.1 平均値と実効値 …………………………………………… 35
  - 3.1.2 位　相 …………………………………………………… 35
- 3.2 フェーザ表示と複素数表示 …………………………………… 37
  - 3.2.1 フェーザ表示と複素数表示の基本 ……………………… 37
  - 3.2.2 フェーザ表示を用いた乗算と除算 ……………………… 38
- 3.3 オイラーの公式 ………………………………………………… 40
- 3.4 抵 抗 回 路 ……………………………………………………… 42
- 3.5 インダクタンス回路 …………………………………………… 44
- 3.6 キャパシタンス回路 …………………………………………… 46
- 3.7 インピーダンスとアドミタンス ……………………………… 48
- 3章の問題 ………………………………………………………… 50

第4章

交流回路の応用　51

- 4.1 複数の素子を含む交流回路 …………………………………… 52
  - 4.1.1 R-L 回 路 ……………………………………………… 52
  - 4.1.2 R-C 回 路 ……………………………………………… 56
- 4.2 キルヒホフの法則 ……………………………………………… 60
  - 4.2.1 キルヒホフの第一法則（電流則） ……………………… 60
  - 4.2.2 キルヒホフの第二法則（電圧則） ……………………… 61
- 4.3 交流ブリッジ回路 ……………………………………………… 66
- 4.4 共 振 回 路 ……………………………………………………… 68
  - 4.4.1 直列共振（R-L-C 直列回路） ……………………… 68
  - 4.4.2 直列共振における電流と Q 値 ………………………… 70
  - 4.4.3 並列共振（R-L-C 並列回路） ……………………… 72
  - 4.4.4 並列共振における電流と Q 値 ………………………… 74
- 4章の問題 ………………………………………………………… 76

第5章
交流電力　　　　　　　　　　　　　　　　　　　　　　　81
- 5.1 瞬時電力 …………………………………………… 82
- 5.2 有効電力 …………………………………………… 83
- 5.3 無効電力 …………………………………………… 84
- 5.4 力率, 皮相電力 …………………………………… 86
- 5章の問題 …………………………………………… 88

第6章
過渡現象　　　　　　　　　　　　　　　　　　　　　　　89
- 6.1 L を含む回路の過渡現象 ………………………… 90
- 6.2 C を含む回路の過渡現象 ………………………… 93
- 6.3 回路に L と C の両方を含む場合の過渡現象 …… 95
- 6.4 スイッチの切替えに伴う過渡現象 ……………… 100
- 6章の問題 …………………………………………… 103

第7章
ラプラス変換とラプラス変換を用いた回路解析　　　105
- 7.1 ラプラス変換の定義と性質 ……………………… 106
  - 7.1.1 ラプラス変換の定義 ……………………… 106
  - 7.1.2 ラプラス変換の性質 ……………………… 106
- 7.2 ラプラス変換の微分と積分 ……………………… 108
- 7.3 基本的な関数のラプラス変換 …………………… 109
- 7.4 ラプラス変換による各素子の表現 ……………… 112
  - 7.4.1 抵抗 R …………………………………… 112
  - 7.4.2 コイル L ………………………………… 112
  - 7.4.3 コンデンサ C …………………………… 113
- 7.5 ラプラス変換を用いた回路解析法 ……………… 115
- 7章の問題 …………………………………………… 122

第8章

相互誘導回路　125

8.1 相互誘導の原理 ……………………………………………… 126
8.2 相互誘導回路 ………………………………………………… 128
8.3 相互誘導回路の等価回路 …………………………………… 129
8.4 相互誘導回路の応用（変圧器）…………………………… 131
8章の問題 ………………………………………………………… 133

第9章

三相交流回路　135

9.1 対称三相交流 ………………………………………………… 136
9.2 対称三相交流の接続 ………………………………………… 138
9.3 相電圧と線間電圧 …………………………………………… 140
9.4 相電流と線電流 ……………………………………………… 143
9.5 Y負荷とΔ負荷の関係 ……………………………………… 146
　　9.5.1 負荷がY結線されている場合 ……………………… 146
　　9.5.2 負荷がΔ接続されている場合 ……………………… 146
9.6 対称三相交流の電力 ………………………………………… 148
9章の問題 ………………………………………………………… 150

問 題 解 答　152

参 考 文 献　189

索　　　引　190

第1章

電気回路の基礎

　電気回路とは，電気を使って様々な物理現象を実現する基本となるものである．この章では抵抗，コイル，コンデンサといった電気回路の構成要素をとりあげ，それぞれの性質を学ぶ．さらに，基本的な回路の性質について，演習を通して理解を深める．

1.1 電気回路の基本構成要素

電気回路とは電気が通る路である．電気を使って様々な物理現象を実現する基本となるものである．基本的な電気回路においては，電源から出た電流は配線，負荷を通して電源に戻ることになる．

電源
　直流と交流がある．また，電圧が一定の電圧源と，電流が一定の電流源がある．

配線
　電源と各電気回路の要素を接続するもの．特に指定がなければ配線の抵抗はゼロとして扱う．

負荷
　電気を流すことによって，なんらかの物理現象を起こすもの．この演習書では抵抗，コイル，コンデンサをさす．

本書の回路図は，JIS C 0617 の電気用図記号の表記（表中列）にしたがって作成したが，実際の作業現場や論文などでは従来の表記（表右列）を用いる場合も多い．参考までによく使用される記号の対応を以下の表に示す．

	新JIS記号（C 0617）	旧JIS記号（C 0301）
電気抵抗，抵抗器	─▭─	─/\/\/\─
スイッチ	─/ ─　(─/─)	─o o─
インダクタ，コイル	─⌒⌒⌒─	─ℓℓℓℓ─
電源	─┤├─	─┤├─

＊　コンデンサは新旧とも同じ．

1.2 抵抗 R

抵抗（単位は Ω：オーム）とは電気の流れを妨げるもので，電流を妨げることによって，ジュール熱が発生する．図1.1のような円柱形の抵抗の場合，抵抗の大きさ $R\,[\Omega]$ は抵抗の断面積 $S\,[\text{m}^2]$ に反比例し，長さ $L\,[\text{m}]$ に比例する．これに抵抗に用いる物質の**抵抗率** $\rho\,[\Omega\cdot\text{m}]$ を乗ずることで求められる．

$$R = \rho \frac{L}{S} \tag{1.1}$$

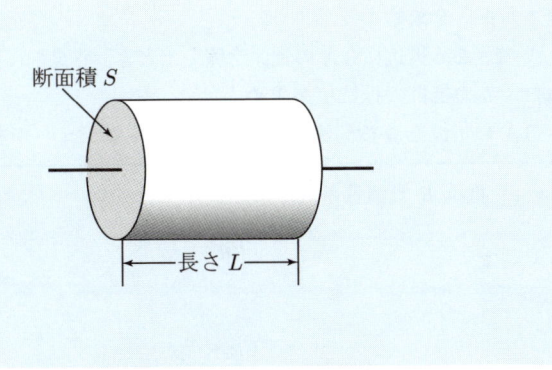

図1.1 抵抗と断面積，長さの関係

ここで抵抗率 ρ の逆数 σ を**導電率** $[\text{S}\cdot\text{m}^{-1}]$（S：ジーメンス，$\text{S}=\Omega^{-1}$）とよび，その物質の電気の流れやすさを表す指標となる．

$$\sigma = \frac{1}{\rho} \tag{1.2}$$

抵抗 R で消費されるエネルギー（＝電力）P_R は

$$\begin{aligned}P_R &= VI \\ &= \frac{V^2}{R} \\ &= I^2 R\end{aligned} \tag{1.3}$$

となる．抵抗での消費エネルギーはすべて熱になる（ジュール熱）．

■ 例題 1.1 ■ 　　　　　　　　　　　　　　　　　　　　　抵抗値

断面積が一定の抵抗がある．長さが 4 倍，断面積が $\frac{1}{2}$ となった場合，元の抵抗値に対して抵抗が何倍になるか答えよ．

【解答】 式 (1.1) に示すように抵抗の値は抵抗の長さに比例し，断面積に反比例する．よって，長さが 4 倍，断面積が $\frac{1}{2}$ となれば，抵抗値は $4 \times 2 = 8$ 倍となる．

■ 例題 1.2 ■ 　　　　　　　　　　　　　　　　　抵抗素子でのエネルギー

(1) 抵抗値 $R = 5\,[\Omega]$ の抵抗に電圧 5 V が加えられている．この抵抗で消費されるエネルギーを求めよ．

(2) いま，ある抵抗に 3 A の電流を流したとき，消費されるエネルギーは 18 W であった．この抵抗の抵抗値を求めよ．

(3) 3 A の電流を 5 秒間流した場合に発生するジュール熱を求めよ．

【解答】 (1) 抵抗 R で消費されるエネルギーは

$$P_R = \frac{V^2}{R}$$

である．

$$\begin{aligned}P_R &= \frac{V^2}{R} \\ &= \frac{25}{5} \\ &= 5\,[\mathrm{W}]\end{aligned}$$

となる．

(2) $P_R = 18\,[\mathrm{W}]$ であるので

$$18 = I^2 R = 3^2 R$$

よって

$$\begin{aligned}R &= \frac{P_R}{I^2} = \frac{18}{9} \\ &= 2\,[\Omega]\end{aligned}$$

となる．

(3) ジュール熱は消費エネルギーに，そのエネルギーが消費された時間を乗ずればよいので

$$18 \times 5 = 90 \qquad ①$$

ジュール熱は電力量にあたる．電力と電力量の違いに注意すること．

1.2 抵抗 R

1.2.1 抵抗の合成

回路に接続された複数の抵抗について，これをエネルギーの観点から等価的に一つの抵抗として扱うことができる．この等価的な抵抗を求めることを**抵抗の合成**とよぶ．

<u>直列接続された抵抗の合成</u>

複数の抵抗が直列に接続されている場合，各抵抗に流れる電流は等しくなる．よって，直列につなぐ抵抗が $R_1, R_2, R_3, R_4, \cdots$ である場合，合成抵抗は直列につなぐ抵抗値の和となる．

$$R = R_1 + R_2 + R_3 + R_4 + \cdots \tag{1.4}$$

<u>並列接続された抵抗の合成</u>

抵抗が並列につながっている場合，直列とは違い，今度は各抵抗に加わる電圧が等しくなる．また，各抵抗に流れる電流の和が合成抵抗に流れる電流となるから，並列につなぐ抵抗が $R_1, R_2, R_3, R_4, \cdots$ である場合

$$\frac{V}{R} = \frac{V}{R_1} + \frac{V}{R_2} + \frac{V}{R_3} + \frac{V}{R_4} + \cdots \tag{1.5}$$

つまり

$$\frac{1}{R} = \frac{1}{R_1} + \frac{1}{R_2} + \frac{1}{R_3} + \frac{1}{R_4} + \cdots \tag{1.6}$$

となり，各抵抗値の逆数の和が合成抵抗の逆数となる．

■ 例題 1.3 ■ ────────────── 直列接続された抵抗の合成 ─

いま，$R_1 = 2, R_2 = 4, R_3 = 3\,[\Omega]$ の3つの抵抗が直列に接続されている．この3つの抵抗の合成抵抗を求めよ．

【解答】 直列抵抗の合成抵抗は接続されている抵抗の和となるので

$$R = 2 + 4 + 3$$
$$= 9\,[\Omega]$$

■

■ 例題 1.4 ■ ────────────── 並列接続された抵抗の合成 ─

いま，$R_1 = 4, R_2 = 1, R_3 = 2\,[\Omega]$ の3つの抵抗が並列に接続されている．この3つの抵抗の合成抵抗を求めよ．

【解答】 並列の場合は各抵抗値の逆数の和が合成抵抗の逆数となるので

$$\frac{1}{R} = \frac{1}{4} + \frac{1}{1} + \frac{1}{2} = \frac{7}{4}$$

よって合成抵抗は逆数をとり，$R = \frac{4}{7}\,[\Omega]$ となる．

■

例題 1.5 — 直列と並列の両方を含んだ回路の場合

次の並列接続と直列接続の両方を含んだ回路の合成抵抗を求めよ.

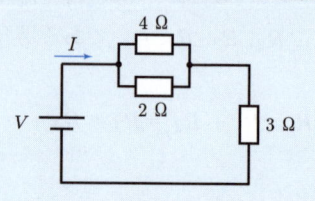

図1.2 並列接続, 直列接続の両方を含んだ回路

【解答】 まず, 並列接続部分の合成抵抗を求める.

$$\frac{1}{R_\mathrm{p}} = \frac{1}{4} + \frac{1}{2} = \frac{3}{4} \qquad ①$$

逆数をとり, $R_\mathrm{p} = \frac{4}{3}\,[\Omega]$. 直列接続のみにできたので, 合成抵抗は

$$R = 3 + \frac{4}{3} = \frac{13}{3} \qquad ② \blacksquare$$

1.2 節の関連問題

1.1 断面積 S で長さ L, 抵抗率が ρ の抵抗がある. 次の問に答えよ.
 (1) この抵抗に電圧 V を加えた場合に抵抗で消費されるエネルギーを求めよ.
 (2) 抵抗の断面積が 3 倍, 長さが 0.5 倍になった場合の抵抗で, 加える電圧が (1) と同じ場合の消費エネルギーを求めよ.
 (3) (2) と同様に抵抗が変化した場合で, 流れる電流が (1) と同じ場合の消費エネルギーを求めよ.

1.2 大きさが 2Ω と 5Ω の抵抗を 10 個ずつ直列接続した場合の合成抵抗を求めよ.

1.3 大きさが 1Ω と 2Ω の抵抗を順番に並列に接続する. 各 5 個ずつ, 合計で 10 個の抵抗を並列に接続した場合の合成抵抗を求めよ.

1.4 図1のような回路の合成抵抗を求めよ.

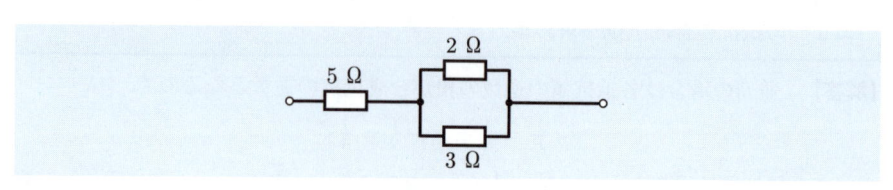

図1

1.3 コイル

発生する磁束 ϕ の大きさはコイルに流す電流 I とコイルの巻数 N に比例し，比例定数 k を用いて次式で表される．

$$\phi = kNI \tag{1.7}$$

コイルに外部から磁束 ϕ が進入してくると，コイルの両端にはその磁束変化 $d\phi$ に応じた誘導起電力 e（ただし，磁束変化を妨げる方向）が発生する．

$$e = -N\frac{d\phi}{dt} \tag{1.8}$$

式 (1.7),(1.8) から

$$e = -N\frac{d\phi}{dt} = -N\frac{dkNI}{dt}$$
$$= -kN^2\frac{dI}{dt} \tag{1.9}$$

ただし

$$L = kN^2 \tag{1.10}$$

とし，L を自己インダクタンス（単位は H：ヘンリー）と定義する．

コイルに発生する電圧 V は次式で表せる．

$$V = -L\frac{dI}{dt} \tag{1.11}$$

1.3.1 コイルでのエネルギー

自己インダクタンス L のコイルに電圧 V を加えると，コイルに流れる電流 i は 0 から時間の経過とともに増加する．そして，ある時刻 T において電流が I になったとき，コイルに蓄えられているエネルギー P_L は次式で求められる．

$$P_L = \int_0^T V i\, dt = \int_0^T L\frac{di}{dt} i\, dt$$
$$= L\int_0^I i\, di = \frac{1}{2}LI^2$$

■ 例題 1.6 ■ ──────────────インダクタンスの値──

あるコイルに 0.4 V の電圧を加えたところ，流れる電流が 3 秒間で 6 A 増加した．電流の変化の割合が一定として，このコイルのインダクタンスを求めよ．

【解答】 $V = L\frac{dI}{dt}$ である．電流変化は

$$\frac{dI}{dt} = \frac{6}{3} = 2 \quad ①$$

$$L = \frac{V}{\frac{dI}{dt}} = \frac{0.4}{2} = 0.2 \quad ②$$

よって，0.2 H となる．

■ 例題 1.7 ■ ─────────────────── コイルでのエネルギー ─

(1) インダクタンスが 4 mH のコイルに電流が 5 A 流れている．このコイルに蓄えられているエネルギーを求めよ．

(2) コイルに流れる電流が 4 倍になると，コイルに蓄えられているエネルギーは何倍になるか求めよ．

【解答】 (1) インダクタンス L で消費されるエネルギー P_L は

$$P_L = \tfrac{1}{2} L I^2 \qquad ①$$

である．よって

$$P_L = \tfrac{1}{2} \cdot 0.004 \cdot 5^2$$
$$= 0.05\,[\mathrm{J}]$$

となる．

(2) コイルに蓄えられるエネルギーは電流の 2 乗に比例するので

$$4^2 = 16 \qquad ②$$

よって，16 倍となる． ■

1.3.2 インダクタンスの合成

直列接続されたコイルのインダクタンスの合成

インダクタンス L_1 および L_2 のコイルを直列に接続する．各コイルに流れる電流は回路に流れる電流 I と同じになる．それぞれのコイルに加わる電圧は $L_1\frac{dI}{dt}, L_2\frac{dI}{dt}$ となるので

$$V = L_1 \tfrac{dI}{dt} + L_2 \tfrac{dI}{dt}$$
$$= (L_1 + L_2) \tfrac{dI}{dt} \qquad (1.12)$$

となり，合成インダクタンス L は直列につなぐコイルのインダクタンスの和

$$L = L_1 + L_2 \qquad (1.13)$$

となる．

接続するコイルが $L_3, L_4, \ldots$ と増えている場合も同様に

$$L = L_1 + L_2 + L_3 + L_4 + \cdots \qquad (1.14)$$

と考えることができる．

1.3 コイル

並列接続されたコイルのインダクタンスの合成

インダクタンスが L_1 および L_2 のコイルを並列に接続する．両方のコイルに加わる電圧が等しく，それぞれのコイルに流れる電流は $\frac{1}{L_1}\int V dt, \frac{1}{L_2}\int V dt$ となる．よって，回路全体に流れる電流 I は次式で表される．

$$I = \frac{1}{L_1}\int V dt + \frac{1}{L_2}\int V dt$$
$$= \left(\frac{1}{L_1} + \frac{1}{L_2}\right)\int V dt \tag{1.15}$$

両辺を時間微分し，変形すると

$$V = \frac{1}{\frac{1}{L_1} + \frac{1}{L_2}}\frac{dI}{dt} \tag{1.16}$$

つまり，合成インダクタンス L は

$$L = \frac{1}{\frac{1}{L_1} + \frac{1}{L_2}} \tag{1.17}$$

書きかえると

$$\frac{1}{L} = \frac{1}{L_1} + \frac{1}{L_2} \tag{1.18}$$

合成インダクタンスの逆数は並列に接続するコイルのインダクタンスの逆数の和となる．

並列に接続するコイルが $L_3, L_4, \ldots$ と増えている場合も同様に

$$\frac{1}{L} = \frac{1}{L_1} + \frac{1}{L_2} + \frac{1}{L_3} + \frac{1}{L_4} + \cdots \tag{1.19}$$

と考える．

例題1.8 　　直列接続されたインダクタンスの合成

いま，$L_1 = 3, L_2 = 2, L_3 = 6\,[\mathrm{mH}]$ の3つのインダクタンスが直列に接続されている．この3つのインダクタンスの合成インダクタンスを求めよ．

【解答】 直列インダクタンスの合成インダクタンスは接続されているインダクタンスの和となるので

$$L = 3 + 2 + 6$$
$$= 11\,[\mathrm{mH}]$$

となる．

例題 1.9　　並列接続されたインダクタンスの合成

いま，$L_1 = 10, L_2 = 5\,[\text{mH}]$ の2つのインダクタンスが並列に接続されている．この2つのインダクタンスの合成インダクタンスを求めよ．

【解答】　並列の場合は各インダクタンス値の逆数の和が合成インダクタンスの逆数となるので

$$\frac{1}{L} = \frac{1}{10} + \frac{1}{5}$$
$$= \frac{3}{10}$$

よって合成インダクタンスは逆数をとり，$L = \frac{10}{3}\,[\text{mH}]$ となる．　■

例題 1.10　　直列と並列の両方を含んだ回路の場合

次の並列接続と直列接続の両方を含んだ回路の合成インダクタンスを求めよ．

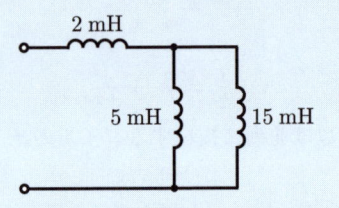

図 1.3　並列接続，直列接続の両方を含んだ回路

【解答】　まず，並列接続部分の合成インダクタンスを求める．

$$\frac{1}{L_\text{p}} = \frac{1}{5} + \frac{1}{15}$$
$$= \frac{4}{15} \qquad ①$$

逆数をとり，$L_\text{p} = \frac{15}{4}\,[\text{mH}]$．直列接続のみにできたので合成インダクタンスは

$$L = 2 + \frac{15}{4}$$
$$= \frac{23}{4}\,[\text{mH}] \qquad ②\;■$$

1.3 節の関連問題

□ **1.5**　$L_1 = 5\,[\text{mH}]$ と $L_2 = 10\,[\text{mH}]$ のコイルが直列に接続されている．この回路に $i = 4t\,[\text{A}]$ の電流源を接続する．次の問に答えよ．

(1) それぞれのコイルに加わる電圧を求めよ．

(2) L_1 と L_2 の合成インダクタンスを求めよ．合成インダクタンスに加わる電圧が L_1 と L_2 に加わる電圧の和になることを確認せよ．

1.4 コンデンサ

コンデンサは電極に電圧を加えることで,電極に電荷が蓄えられる素子である.例えば,図1.4のような平行な平板電極に電圧 V を加える.

電極には $+Q$ と $-Q$ の電荷が蓄えられる.電荷 Q は電圧 V に比例する.この比例定数 C は**キャパシタンス**(単位は F:ファラッド),もしくは**静電容量**とよばれる.

$$Q = CV \tag{1.20}$$

キャパシタンスの大きさは電極の表面積を $S\,[\mathrm{m}^2]$,電極間の距離を $d\,[\mathrm{m}]$ とすると,電極形状および電極の間にある物質の**誘電率** ε を用いて次式で表される.

$$C = \frac{\varepsilon S}{d} \tag{1.21}$$

電流 I は電荷 Q が移動する現象であり

$$I = \frac{dQ}{dt} \tag{1.22}$$

つまり,Q は電流 I を積分した結果となるので

$$Q = \int I\,dt \tag{1.23}$$

したがって,電圧 V と電流 I の関係は

$$\begin{aligned} V &= \frac{Q}{C} \\ &= \frac{1}{C} \int I\,dt \end{aligned} \tag{1.24}$$

となる.

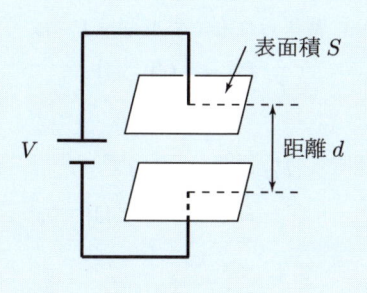

図1.4 キャパシタンス

1.4.1 コンデンサでのエネルギー

キャパシタンス C のコンデンサに電圧 v を加えるとコンデンサに電流が流れ込み，電圧が上昇する．そして，時刻 T において V になったときに，コイルに蓄えられているエネルギー P_C は次のようになる．

$$\begin{aligned} P_C &= \int_0^V Qdv \\ &= \int_0^V Cvdv \\ &= \tfrac{1}{2}CV^2 \end{aligned} \tag{1.25}$$

■ 例題 1.11 ■ ──────────────── キャパシタンスの値 ─

あるコンデンサに 5 V の電圧を加えると，0.03 C の電荷が蓄えられた．このコンデンサのキャパシタンスを求めよ．

【解答】 $Q = CV$ より

$$\begin{aligned} C &= \tfrac{Q}{V} \\ &= \tfrac{0.03}{5} \\ &= 0.006\,[\mathrm{F}] \end{aligned} \qquad ①$$

となる．

■ 例題 1.12 ■ ─────────────── コンデンサでのエネルギー ─

(1) キャパシタンスが $8\,\mu\mathrm{F}$ のコンデンサに 5 V の電圧が加えられている．十分時間がたっているとして，コンデンサに蓄えられているエネルギーを求めよ．

(2) コンデンサのキャパシタンスが $2\,\mu\mathrm{F}$ となった場合，同じエネルギーを蓄えるために必要な電圧を求めよ．

【解答】 (1) コンデンサに蓄えられるエネルギー P_C は

$$P_C = \tfrac{1}{2}CV^2\,[\mathrm{J}] \qquad ①$$

である．よって

$$\begin{aligned} P_C &= \tfrac{1}{2} \cdot 8 \times 10^{-6} \cdot 5^2 \\ &= 0.1 \times 10^{-3}\,[\mathrm{J}] \end{aligned}$$

となる．

(2) コンデンサに蓄えられるエネルギーはキャパシタンスに比例，また電圧の 2 乗に比例する．キャパシタンスが $\tfrac{1}{4}$ になるので，エネルギーを同じにするためには電圧の 2 乗を 4 倍，つまり電圧を 2 倍にすればよい．

1.4.2 キャパシタンスの合成

直列接続されたコンデンサのキャパシタンスの合成

コンデンサ C_1 および C_2 を直列に接続する．この場合，各コンデンサに流れる電流は回路に流れる電流 I と同じになる．よって，それぞれのコンデンサに加わる電圧は式 (1.24) より $\frac{1}{C_1} \int I dt$, $\frac{1}{C_2} \int I dt$ となるので

$$V = \frac{1}{C_1} \int I dt + \frac{1}{C_2} \int I dt$$
$$= \left(\frac{1}{C_1} + \frac{1}{C_2} \right) \int I dt \tag{1.26}$$

よって，合成キャパシタンス C は式 (1.24) と比較すると

$$C = \frac{1}{\frac{1}{C_1} + \frac{1}{C_2}} \tag{1.27}$$

書きかえると

$$\frac{1}{C} = \frac{1}{C_1} + \frac{1}{C_2} \tag{1.28}$$

つまり，合成キャパシタンスの逆数は，直列に接続する各コンデンサのキャパシタンスの逆数の和となる．

直列に接続するコンデンサが $C_3, C_4, \ldots$ と増えている場合も同様に

$$\frac{1}{C} = \frac{1}{C_1} + \frac{1}{C_2} + \frac{1}{C_3} + \frac{1}{C_4} + \cdots \tag{1.29}$$

となる．

並列接続されたコンデンサのキャパシタンスの合成

コンデンサの並列接続は接続されたコンデンサの容量だけ全体のキャパシタンスが増加すると考えてよい．

$$C = C_1 + C_2 + C_3 + C_4 + \cdots \tag{1.30}$$

■ **例題 1.13** ■ ─────────────── 直列接続されたキャパシタンスの合成 ─

いま，$C_1 = 3, C_2 = 2, C_3 = 6\,[\mu\mathrm{F}]$ のコンデンサが直列に接続されている．この 3 つのコンデンサの合成キャパシタンスを求めよ．

【解答】 直列の場合は各キャパシタンス値の逆数の和が合成キャパシタンスの逆数となるので

$$\frac{1}{C} = \frac{1}{3} + \frac{1}{2} + \frac{1}{6}$$
$$= \frac{1}{1} \qquad\qquad ①$$

よって合成キャパシタンスは逆数をとり，$C = 1\,[\mu\mathrm{F}]$ となる．

例題 1.14 ── 並列接続されたキャパシタンスの合成

いま,$C_1 = C_2 = 3$,$C_3 = 6\,[\mu\mathrm{F}]$ の 3 つのコンデンサが並列に接続されている.この 3 つのコンデンサの合成キャパシタンスを求めよ.

【解答】 並列コンデンサの合成キャパシタンスは,接続されているキャパシタンスの和となるので

$$C = 3 + 3 + 6 = 12\,[\mu\mathrm{F}]$$

となる.

例題 1.15 ── 直列と並列の両方を含んだ回路の場合

図 1.5 の並列接続と直列接続の両方を含んだ回路の合成キャパシタンスを求めよ.

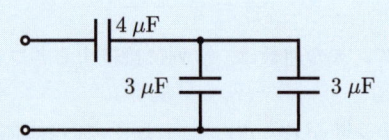

図 1.5 並列接続,直列接続の両方を含んだ回路

【解答】 まず,並列接続部分の合成抵抗を求める.コンデンサは並列接続の場合,それぞれのキャパシタンスの和になることに注意して

$$C_\mathrm{p} = 3 + 3 = 6 \qquad ①$$

$4\,\mu\mathrm{F}$ と $6\,\mu\mathrm{F}$ の直列接続は逆数の和をとればいいので

$$\frac{1}{C} = \frac{1}{4} + \frac{1}{6} = \frac{5}{12} \qquad ②$$

逆数をとり

$$C = \frac{12}{5}\,[\mu\mathrm{F}]$$

となる.

──────── **1.4 節の関連問題** ────────

☐ **1.6** キャパシタンスが $8\,\mu\mathrm{F}$ のコンデンサがある.次の問に答えよ.

(1) このコンデンサに,ある電圧 V を加えた.このとき,コンデンサに蓄えられた電荷が $32\,\mu\mathrm{C}$ であるとき,電圧 V を求めよ.

(2) (1) の際にコンデンサに蓄えられたエネルギーを求めよ.

(3) このコンデンサを 3 個直列接続した場合,3 個並列接続した場合の合成キャパシタンスをそれぞれ求めよ.

1章の問題

☐ **1** 下図の (1)〜(4) の回路の合成抵抗を求めよ.

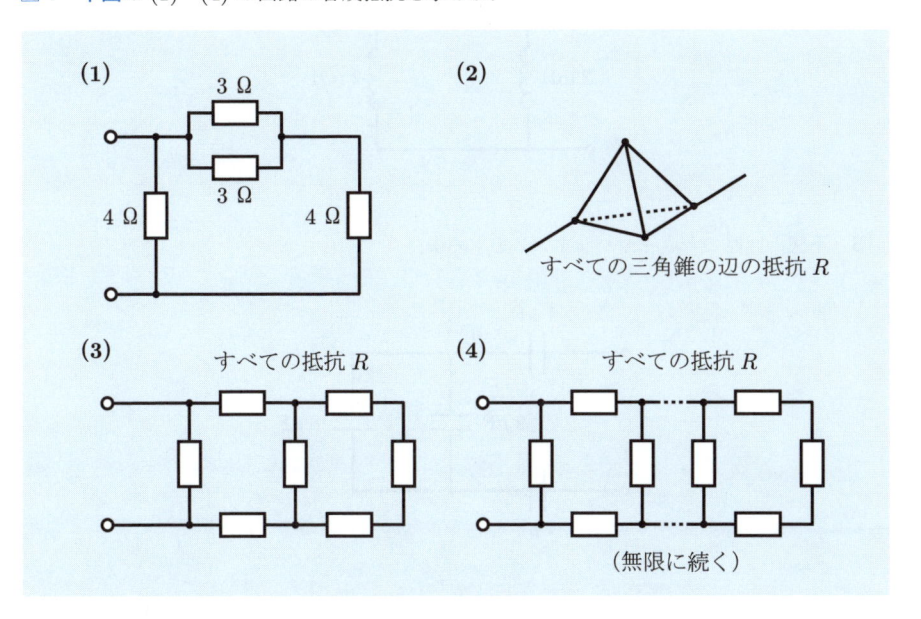

(1)

(2) すべての三角錐の辺の抵抗 R

(3) すべての抵抗 R

(4) すべての抵抗 R

（無限に続く）

☐ **2** いま，断面積 S が一様で長さが L の抵抗がある．次の問に答えよ．
 (1) 断面積を 2 倍にし，長さを 4 倍にした場合，もとの抵抗値の何倍になるか求めよ．
 (2) 変更した抵抗に元の抵抗に加えていた電圧と同じ電圧を加えた場合，消費されるエネルギーはどのように変化するか答えよ．
 (3) 電流を同じにした場合にエネルギーがどのように変化するか答えよ．

☐ **3** 下図のような表面積 S，電極間距離 d の平行平板電極がある．この電極のキャパシタンスを表面積のみ，もしくは電極間距離のみを変えて 3 倍にする方法を示せ．

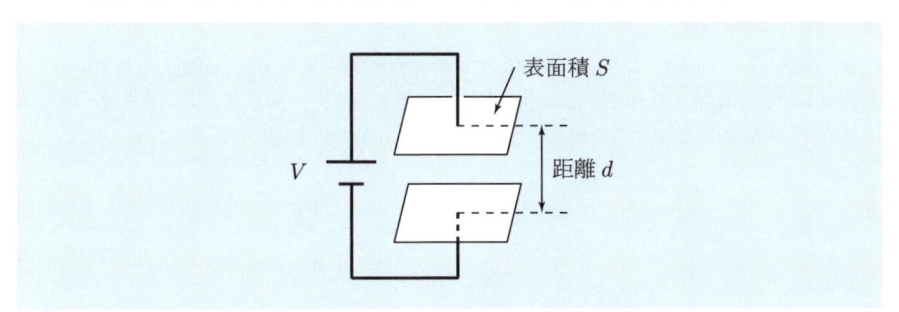

☐ **4** 下図の回路の合成インダクタンスを求めよ．

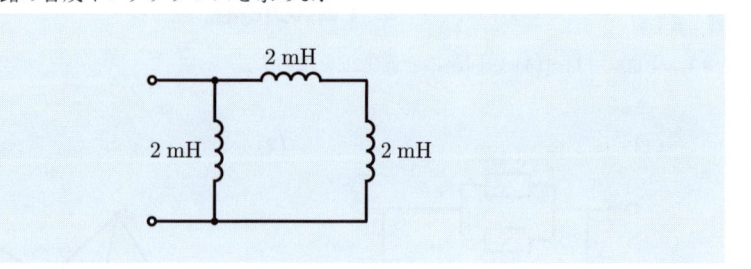

☐ **5** 下図の回路の合成キャパシタンスを求めよ．

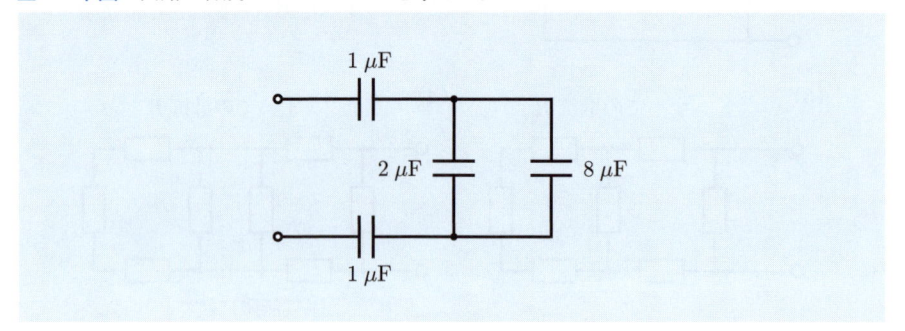

☐ **6** いま，ある抵抗に $50\,\mathrm{V}$ の電圧を加えた．同じ抵抗に電圧を $100\,\mathrm{V}$ 加えた場合に抵抗で消費されるエネルギーは，元の電圧を加えた場合の何倍になるか求めよ．また，消費エネルギーを同じにするためには抵抗をどのようなものに変えればよいか答えよ．

☐ **7** 抵抗値 $R = 12\,[\Omega]$ の抵抗に $24\,\mathrm{V}$ の電圧を加えて電流を流した場合に，抵抗に発生する電力を求めよ．また，この電圧を 2 分間加え続けた場合に発生するジュール熱を求めよ．

☐ **8** インダクタンス $L = 5\,[\mathrm{mH}]$ のコイルに，直流電流 $I = 3\,[\mathrm{A}]$ が流れている．このコイルに蓄えられているエネルギーを求めよ．また，同じコイルを 2 つ直列接続して 3 A の電流を流した場合に蓄えられるエネルギーを求めよ．

☐ **9** キャパシタンス $C = 3\,[\mu\mathrm{F}]$ のコンデンサに直流電圧 $V = 6\,[\mathrm{V}]$ が加えられている．このコンデンサに蓄えられているエネルギーを求めよ．また，同じコンデンサを 2 つ並列接続して，6 V の電圧を加えた場合に蓄えられるエネルギーを求めよ．

第2章

直流抵抗回路と回路網

　本章では，電気回路の基本となる直流抵抗回路について学ぶ．直流回路は一定の電圧を加えることで，回路に電流が流れる．演習を通じて，直流回路を解析するために必要な法則，定理について学ぶ．

2.1 直流抵抗回路

1章で学んだ抵抗回路の合成を用いて，複数の抵抗が存在する回路の各部分の電圧，電流を求めることができる．

例題2.1 ─────────────────────── 並列回路の電流配分 ─

図2.1のような並列回路において，電源から流れる電流をIとする．R_1およびR_2のそれぞれに流れる電流を求めよ．

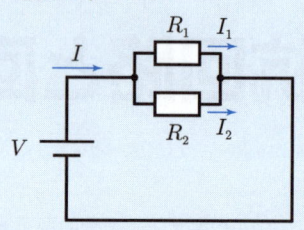

図2.1　並列回路の電流配分

【解答】　この回路の合成抵抗は $\frac{R_1 R_2}{R_1+R_2}$ である．電源電圧は $V = IR = \frac{R_1 R_2}{R_1+R_2}I$ である．よって，各抵抗に流れる電流は

$$I_1 = \frac{V}{R_1} = \frac{R_2}{R_1+R_2}I, \quad I_2 = \frac{V}{R_2} = \frac{R_1}{R_1+R_2}I \qquad ①$$

一方の抵抗を流れる電流の大きさは，もう一方の抵抗の大きさが大きいほど，大きくなることに注意すること．　■

例題2.2 ─────────────────────── 電圧源の内部抵抗 ─

9 V の電池に 6.2 Ω の抵抗を接続したところ，流れた電流は 1.44 A であった．この電池の内部抵抗を求めよ．

【解答】　電池の等価回路は，電圧源に内部抵抗が直列接続されたものである．回路に流れる電流から，内部抵抗を含んだ回路の抵抗は

$$R = \tfrac{9}{1.44} = 6.25 \qquad ①$$

よって，内部抵抗 $r = 6.25 - 6.2 = 0.05\,[\Omega]$ となる．

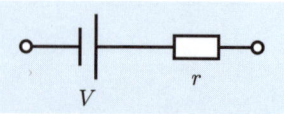

図2.2　電池の内部抵抗　■

例題2.3　　　　　　　　　　　　　　　　　　　　　電圧計の内部抵抗

電圧計は非常に大きな内部抵抗を持っている．いま，$R=10\,[\Omega]$ の抵抗に電流が流れている．抵抗に接続された電圧源は $10\,\mathrm{V}$ で電圧計の内部抵抗が $R_\mathrm{m}=10\,[\mathrm{k}\Omega]$ であるとき，電源から流れ出る電流は電圧計を接続する場合と，接続しない場合でどのように変化するか答えよ．

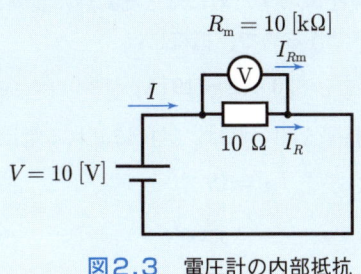

図2.3　電圧計の内部抵抗

【解答】　電圧計は抵抗に並列に接続される．よって，電圧計に流れる電流 I_{R_m} は

$$I_{R_\mathrm{m}} = \frac{10}{10\times 10^4}$$
$$= 1.0\times 10^{-4}\,[\mathrm{A}] \qquad ①$$

よって，電圧計がない場合と比較して，この分だけ電源から流れ出る電流が増えることになる．

例題2.4　　　　　　　　　　　　　　　　　　　　　　　　　　倍率器

$10\,\mathrm{V}$ まで計測できる電圧計がある．この電圧計と抵抗を用いて $100\,\mathrm{V}$ まで測定する方法を考えよ．なお，電圧計の内部抵抗 $R_\mathrm{m}=10\,[\mathrm{k}\Omega]$ と非常に大きい．

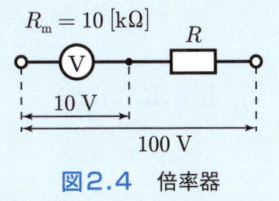

図2.4　倍率器

【解答】　電圧計に加わる電圧を $10\,\mathrm{V}$ にすればよい．つまり，電圧計に抵抗 R を直列に接続すれば，$100\,\mathrm{V}$ の電圧を分圧することができる．R に $90\,\mathrm{V}$ の電圧が加わればよいので

$$R = \frac{90}{10}R_\mathrm{m} = 9R_\mathrm{m} \qquad ①$$

つまり，$90\,\mathrm{k}\Omega$ となる．この電圧計に直列接続する抵抗を**倍率器**とよぶ．

■ **例題2.5** ■ 分流器

1 A まで計測できる電流計がある．この電流計と抵抗 R を用いて，回路に流れる電流を 20 A まで測定する方法を考えよ．なお，電流計の内部抵抗 $r = 0.1\,[\Omega]$ である．

【解答】 電流計に流れる電流を減らすためには，電流計に並列に抵抗を接続すればよい．電流計に 1 A 流すことができるので，抵抗には

$$20 - 1 = 19\,[\text{A}]$$

流れればよい．[例題 2.1] の結果を用いれば，抵抗に流れる電流 I_R は

$$I_R = 19$$
$$= \frac{r}{R+r} I$$
$$= \frac{0.1}{R+0.1} 20 \qquad ①$$

よって

$$R = \frac{2}{19} - 0.1$$
$$= \frac{1}{190}\,[\Omega]$$

となる．この電流計に並列接続する抵抗を**分流器**とよぶ．

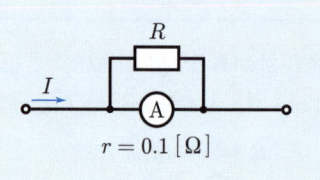

図2.5 分流器

2.1 節の関連問題

☐ **2.1** ある電圧計の計測できる範囲を m 倍にしたいとき，電圧計に直列接続する抵抗 R を求めよ．ただし，電圧計の内部抵抗は R_m とする．

2.2 直流抵抗回路網

直流回路網を解析するために必要な法則，定理について学ぶ．

2.2.1 キルヒホフの法則
複雑な回路の各部の電圧，電流を求める場合，用いられるのがキルヒホフの法則である．

2.2.2 キルヒホフの第一法則（電流則）
回路網にある任意の分岐点において，流れ込む電流と流れ出る電流の和は等しくなる．これを**キルヒホフの第一法則**とよぶ．

図2.6に示すように回路の分岐点に5本の導線が接続されていて，それぞれ I_1 から I_5 の電流が流れている．I_1, I_3, I_4 が流れ込み，I_2, I_5 が流れ出ているとすると

$$I_1 + I_3 + I_4 = I_2 + I_5 \tag{2.1}$$

となる．

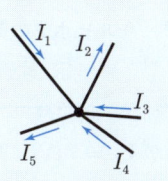

図2.6　キルヒホフの第一法則

■ 例題2.6 ■　　　　　　　　　　　　　　　　キルヒホフの第一法則

図2.6において，それぞれの電流値が $I_1 = 4, I_2 = 3, I_3 = 5, I_4 = 1\,[\mathrm{A}]$ であるとき，電流 I_5 の値を求めよ．

【解答】　キルヒホフの第一法則から，式 (2.1) にそれぞれの値を代入すると

$$4 + 5 + 1 = 3 + I_5 \qquad ①$$

よって

$$I_5 = 7\,[\mathrm{A}]$$

と求めることができる．

2.2.3 キルヒホフの第二法則（電圧則）

回路網の任意の閉回路について回路を一方向にたどるとき，回路中の電源の総和と抵抗による電圧降下の総和は等しくなる．これを**キルヒホフの第二法則**とよぶ．

図 2.7 のような回路網がある．この図の電流ループにおいて時計回りに電源の向き，抵抗を流れる電流の向きに注意し，電源と電圧降下をたどると

$$V_1 - I_1 R_1 - I_2 R_2 + I_3 R_3 - V_2 + I_4 R_4 = 0 \tag{2.2}$$

となる．

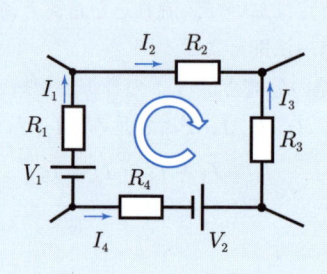

図 2.7 キルヒホフの第二法則

■ **例題 2.7** ■ ─────────────────────── キルヒホフの第二法則 ─

(1) 図 2.7 において，電圧源が $V_1 = 7\,[\mathrm{V}]$，電流値が $I_1 = 3$, $I_2 = 2$, $I_3 = 4$, $I_4 = 2\,[\mathrm{A}]$，抵抗が $R_1 = 5$, $R_2 = 3$, $R_3 = 4$, $R_4 = 1\,[\Omega]$ であるとき，電圧源 V_2 の値を求めよ．

(2) (1) の回路において，V_1 の極性を反対にして接続した場合の V_2 の値を求めよ．

【解答】 (1) キルヒホフの第二法則から式 (2.2) にそれぞれの値を代入すると

$$7 - 3\cdot 5 - 2\cdot 3 + 4\cdot 4 - V_2 + 2\cdot 1 = 0 \qquad ①$$

よって，$V_2 = 4\,[\mathrm{V}]$ と求めることができる．

(2) V_1 の極性が逆になるので，$V_1 = -7\,[\mathrm{V}]$ として計算すればよい．

$$-7 - 3\cdot 5 - 2\cdot 3 + 4\cdot 4 - V_2 + 2\cdot 1 = 0 \qquad ②$$

よって，$V_2 = -10\,[\mathrm{V}]$ となる．もしくは，図 2.7 の V_2 の極性を逆にすれば 10 V となる． ∎

2.2 節の関連問題

2.2 接点が2つある回路に，図1のように電流が流れている．電流 I に流れる電流を求めよ．

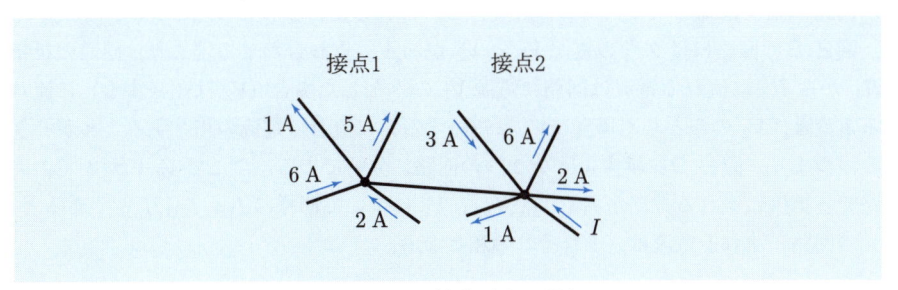

図1　2つの接点がある場合

2.3 図2のような回路がある．電源から流れ出る電流 I_1 および $4\,\Omega$ に流れる電流 I_2 を求めよ．

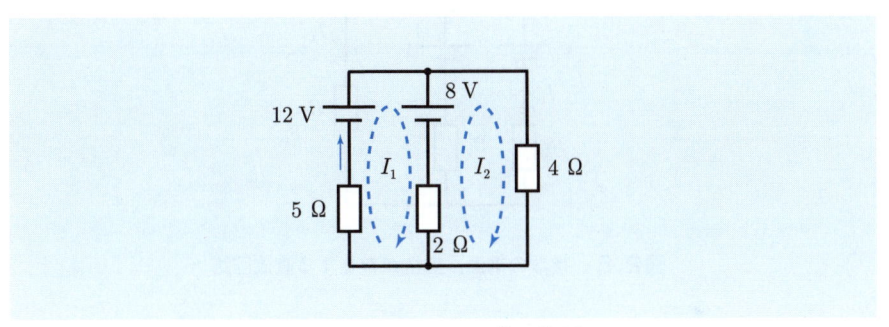

図2　キルヒホフの第二法則

2.3 重ね合わせの理

複数の電源と抵抗からなる回路網について，回路中に流れる電流はそれぞれの電源が回路に流す電流と和で表すことができる．これを**重ね合わせの理**とよぶ．

図2.8の回路には2つの電源 V_1 と V_2 がある．重ね合わせの理より，回路の抵抗 R_1 から R_3 に流れる電流は回路に電源 V_1 のみとした場合（V_2 は短絡する）に流れる電流と，V_2 のみとした場合（V_1 は短絡する）に流れる電流の和とすることができる．つまり，図2.9に示すような2つの回路に分解できる．ここで V_1 についての回路で各抵抗に流れる電流が I_{1A}, I_{2A}, I_{3A}，V_2 について同様に I_{1B}, I_{2B}, I_{3B} であると，元の回路に流れる電流は，それぞれの和となる．

$$I_1 = I_{1A} + I_{1B}$$
$$I_2 = I_{2A} + I_{2B} \tag{2.3}$$
$$I_3 = I_{3A} + I_{3B}$$

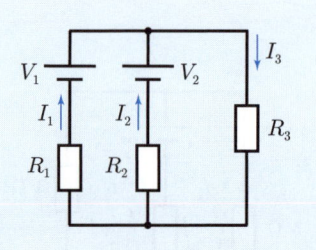

図2.8　複数の電源，抵抗が存在する直流回路

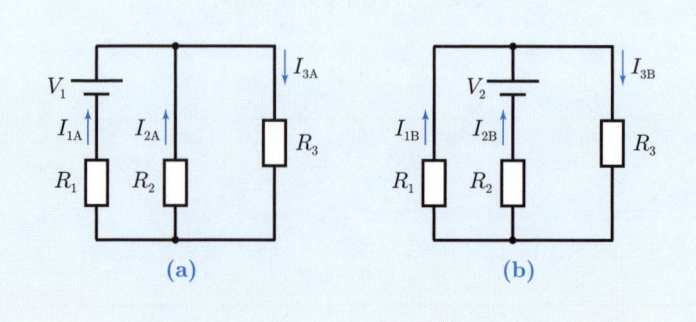

図2.9　重ね合わせの理による回路の分解

■ 例題2.8 ■ ─────────────────────── 重ね合わせの理

重ね合わせの理を用いて図2.10の $I_1 \sim I_3$ を求めよ.

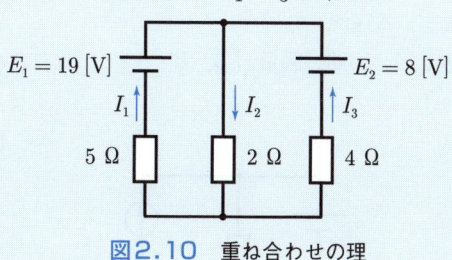

図2.10 重ね合わせの理

【解答】 この回路は図2.11のように2つの回路の重ね合わせと考えることができる.

まず，E_1 を含む回路は E_2 を短絡して考える．この回路の合成抵抗 R_A は

$$R_A = \frac{1}{\frac{1}{2}+\frac{1}{4}} + 5 = \frac{19}{3} \quad \text{①}$$

よって，E_1 から流れ出る I_{1A} は $I_{1A} = \frac{19}{\frac{19}{3}} = 3$ となる．電流配分の式より

$$I_{2A} = \frac{4}{2+4}3 = 2, \quad I_{3A} = -\frac{2}{2+4}3 = -1 \quad \text{②}$$

I_{3A} は図と電流の向きが逆なので，マイナス符号が付くことに注意.

E_2 を含む回路についても同様に E_1 を短絡して考える．回路の合成抵抗 R_B は

$$R_B = \frac{1}{\frac{1}{2}+\frac{1}{5}} + 4 = \frac{38}{7} \quad \text{③}$$

$$I_{3B} = \frac{8}{\frac{38}{7}} = \frac{28}{19}, \quad I_{1B} = -\frac{2}{5+2}\frac{28}{19} = -\frac{8}{19} \quad \text{④}$$

I_{1B} は図と電流の向きが逆なので，マイナス符号が付くことに注意.

$$I_{2B} = \frac{5}{5+2}\frac{28}{19} = \frac{20}{19} \quad \text{⑤}$$

よって，それぞれの電流は次のようになる.

$$I_1 = I_{1A} + I_{1B} = 3 - \frac{8}{19} = \frac{49}{19}, \quad I_2 = I_{2A} + I_{2B} = 2 + \frac{20}{19} = \frac{58}{19}$$

$$I_3 = I_{3A} + I_{3B} = -1 + \frac{28}{19} = \frac{9}{19}$$

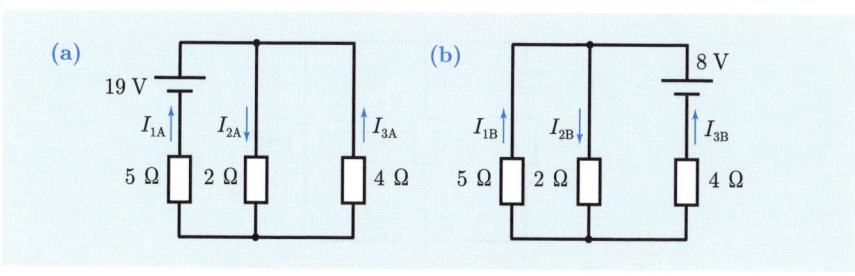

図2.11 重ね合わせの理による回路の分解

図2.12のように電圧源と電流源の両方が存在する場合については
- 電圧源はそのまま，電流源を開放
- 電流源はそのまま，電圧源を短絡

の操作によってできる2つの回路（図2.13）について，重ね合わせの理を用いればよい．

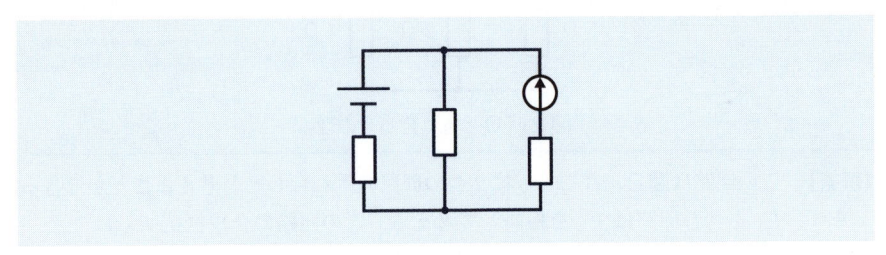

図2.12 電圧源と電流源を含む場合

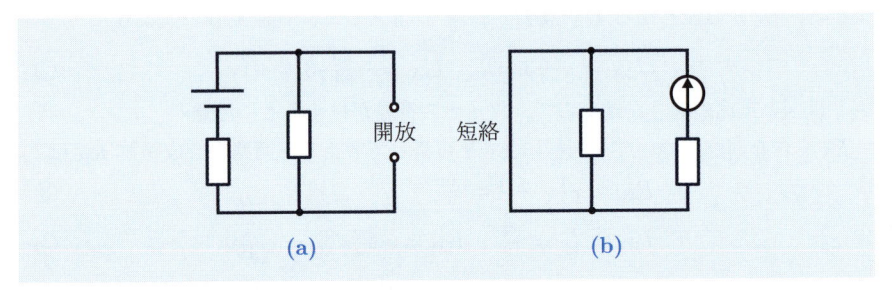

図2.13 電圧源と電流源を含む場合の分解

――――― 2.3 節の関連問題 ―――――

☐ **2.4** 図3のような電圧源と電流源を含む回路がある．$6\,\Omega$ の抵抗に流れる電流を重ね合わせの理を用いて求めよ．なお，回路を2つに分ける際，考慮しない電流源は開放として扱うことに注意せよ．

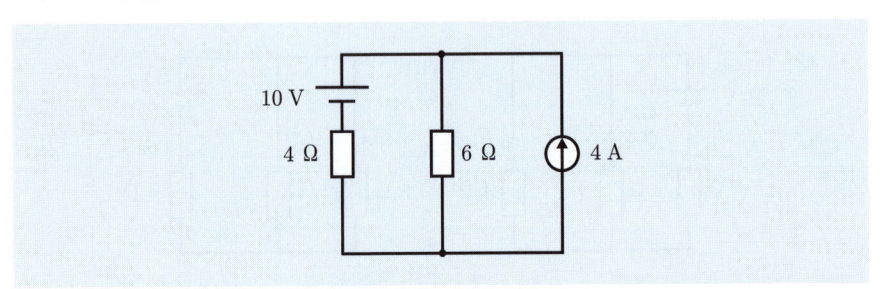

図3 重ね合わせの理

2.4 鳳–テブナンの定理

　中身が分からない複数の電源および抵抗で構成される回路網がある．この回路網に出力端子があり，その開放電圧を V_0 とする．端子から回路網をみると，電源電圧 V_0 と抵抗 R_0 の直列回路と扱うことができる．ここで，電源に直列接続された抵抗は電源の内部抵抗と考えることができるので，一つの直流電源とその内部抵抗で回路網を等価的に扱うことができる．これを **鳳–テブナンの定理** とよぶ．図2.14 に定理を示す．

　いま，図2.15のように負荷 R を出力端子につなぎ，負荷に電流 I が流れたとする．流れた電流と回路網の関係は

$$I = \frac{V_0}{R_0 + R} \qquad (2.4)$$

と表すことができる．

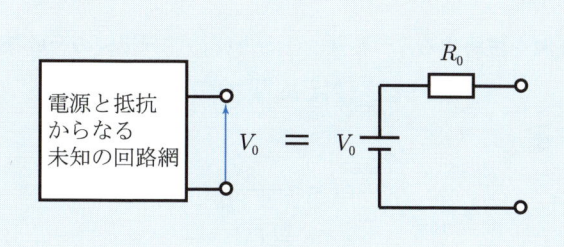

図2.14 鳳–テブナンの定理

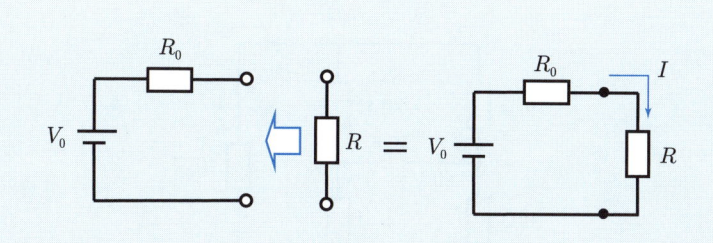

図2.15 鳳–テブナンの定理

例題2.9　鳳–テブナンの定理

図2.16の回路について，$4\,\Omega$ の抵抗に流れる電流 I を鳳–テブナンの定理を用いて求めよ．

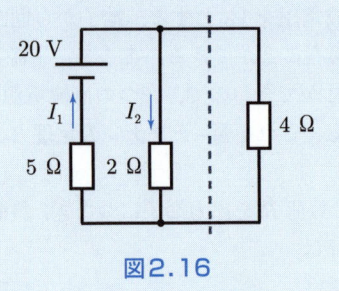

図2.16

【解答】　$4\,\Omega$ の抵抗を切り離して考える．内部電圧源 V_0 は開放した端子間に発生する電圧であるので，$2\,\Omega$ に加わる電圧，つまり

$$20\frac{2}{5+2} = \frac{40}{7}\,[\text{V}]$$

となる．

内部抵抗は電源を短絡する，つまり $5\,\Omega$ と $2\,\Omega$ の並列接続の合成抵抗であるので

$$\frac{5\cdot 2}{5+2} = \frac{10}{7}\,[\Omega]$$

よって，電流 I は

$$I = \frac{40}{7(\frac{10}{7}+4)}$$
$$= \frac{20}{19}\,[\text{A}] \qquad ①$$

2.4 節の関連問題

☐ **2.5**　図4の回路において，電流 I の大きさを鳳–テブナンの定理を用いて求めよ．

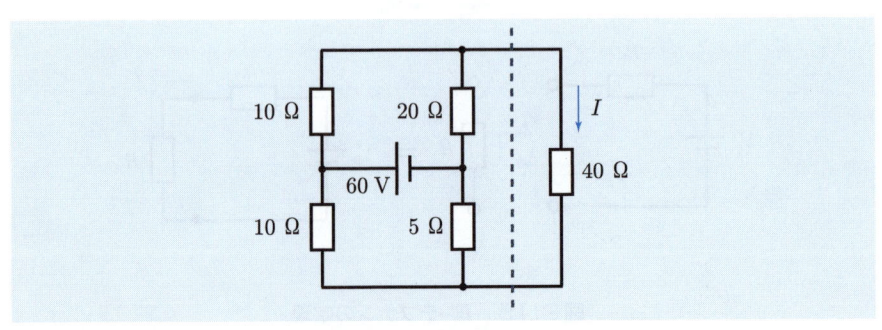

図4

2.5 ブリッジ回路

図 2.17 のように 4 つの抵抗と電源を接続する．このような回路をブリッジ回路とよぶ．

端子 a-b 間に検流計を接続する．もし，端子 a と b の電位が同じであれば，a-b 間に流れる電流はゼロとなり検流計の針は振れない．この状態をブリッジ回路の平衡状態とよぶ．

抵抗 R_1 から R_4 に流れる電流を，それぞれ I_1 から I_4 とする．端子 a と b の電位が同じなら，R_1 と R_2 における電圧降下が同じである．したがって

$$I_1 R_1 = I_2 R_2 \tag{2.5}$$

となる．また，検流計に電流が流れないので，R_3 と R_4 における電圧降下も同じとなる．さらに，$I_1 = I_4$ かつ $I_2 = I_3$ なので

$$I_2 R_3 = I_1 R_4 \tag{2.6}$$

それぞれ I_1 について解くと $I_2 \frac{R_2}{R_1}$，$I_2 \frac{R_3}{R_4}$ となるので $I_2 \frac{R_2}{R_1} = I_2 \frac{R_3}{R_4}$．よって，ブリッジ回路の平衡条件は

$$\frac{R_2}{R_1} = \frac{R_3}{R_4} \tag{2.7}$$

もしくは変形して

$$R_1 R_3 = R_2 R_4 \tag{2.8}$$

となる．式 (2.8) は向かい合う抵抗の値の積が一致することを意味している．

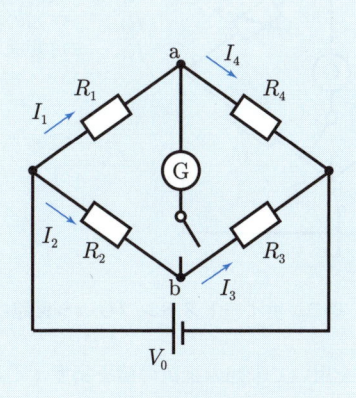

図 2.17　ブリッジ回路

例題2.10　― ブリッジ回路の平衡条件

図2.17において $R_1 = 4, R_2 = 3, R_3 = 6\,[\Omega]$ とする．ブリッジ回路の平衡条件を満たすための R_4 の値を求めよ．

【解答】　ブリッジ回路の平衡条件より
$$4 \cdot 6 = 3R_4 \qquad ①$$
よって，$R_4 = 8\,[\Omega]$ となる．　■

2.5 節の関連問題

☐ **2.6**　図5のブリッジ回路がある．R_3 が未知の抵抗であるとする．そして R_1, R_2, R_4 の抵抗値がすでに精度よく求まっており，R_4 が $0 \sim 10\,\Omega$ の範囲での可変抵抗であるとして，次の問に答えよ．

(1)　$R_1 = 2, R_2 = 20\,[\Omega]$ とする．検流計のスイッチを入れ，R_4 を変化させていくと，$R_4 = 3\,[\Omega]$ のときに検流計の値がゼロとなった．R_3 の値を求めよ．

(2)　R_3 の値が $200\,\Omega$ 以下であることが分かっている．R_4 はそのままで，R_3 の値を計測する方法を述べよ．

(3)　R_3 の値が $0.1\,\Omega$ より小さいとき，R_4 はそのままで，R_3 の値を計測する方法を述べよ．

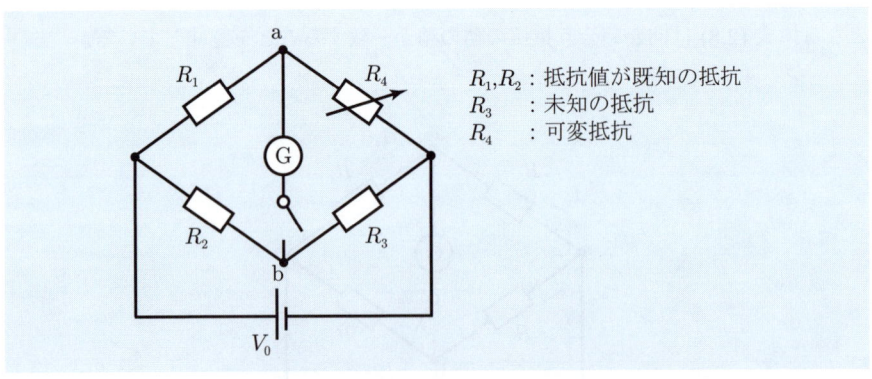

R_1, R_2 : 抵抗値が既知の抵抗
R_3 　　: 未知の抵抗
R_4 　　: 可変抵抗

図5　ホイートストンブリッジ回路

補足：なお，ブリッジ回路を用いて未知の抵抗の値を精度よく測定する回路を**ホイートストンブリッジ回路**とよぶ．この方法をとればテスターなどの測定器で考えられる内部抵抗の影響がないため，精度よく測定が可能であり，微小抵抗の測定に用いられる．

2章の問題

1 右図のように電圧 E で内部抵抗が r の電圧源に抵抗 R を接続する．次の問に答えよ．
(1) 回路に流れる電流を求めよ．
(2) 抵抗で消費される電力を求めよ．
(3) 抵抗で消費される電力が最大になる抵抗の条件を求めよ．

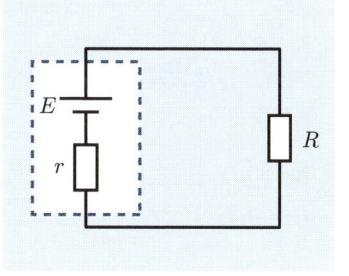

最大電力の法則

2 右図のような回路がある．次の問に答えよ．
(1) V_0 が 10 V のとき，各抵抗で消費されるエネルギーを求めよ．
(2) 並列接続された抵抗の一方で短絡が発生した．残りの抵抗で消費されるエネルギーを求めよ．

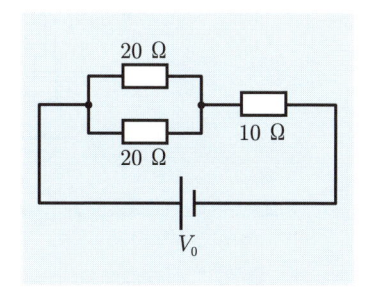

3 下図のような回路がある．キルヒホフの法則，重ね合わせの理，鳳–テブナンの法則の3通りの方法を用いて，この回路の各抵抗に流れる電流を求めよ．ただし，電源電圧は 13 V とし，抵抗の単位は [Ω] とする．

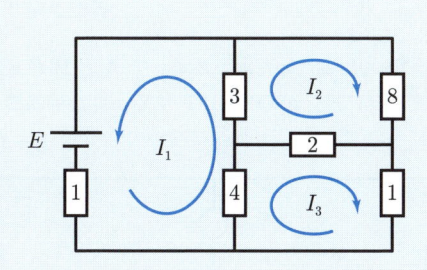

4 接点1と接点2に電流が右図のように流れている．次の問に答えよ．

(1) 接点1から2に電流が流れるための I_1 の条件を求めよ．

(2) I_2 の流れる方向が図と一致するための I_1 の条件を求めよ．

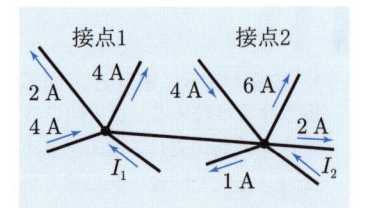

5 下図のような回路がある．いま，この回路の電圧 $V_1 = 10, V_2 = 4\,[\mathrm{V}]$，電流 $I_1 = 2, I_2 = 3, I_3 = 1, I_4 = 2\,[\mathrm{A}]$，抵抗 $R_1 = 6, R_2 = 3, R_3 = 5\,[\Omega]$ のとき，抵抗 R_4 の値を求めよ．

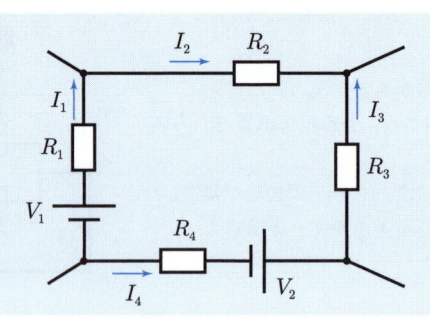

6 いま，ある抵抗 R に加わる電圧と流れる電流を，電圧計と電流計を用いて測定する．下図のような2種類の接続方法が考えられるが，その違いを説明せよ．

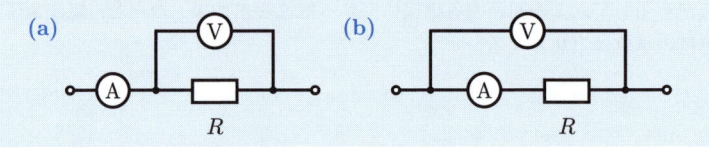

7 下図のように廊下の両端に電灯のためのスイッチAとBがある．スイッチA，もしくはBのいずれかを押すたびに電灯がON/OFFするような回路構成を答えよ．

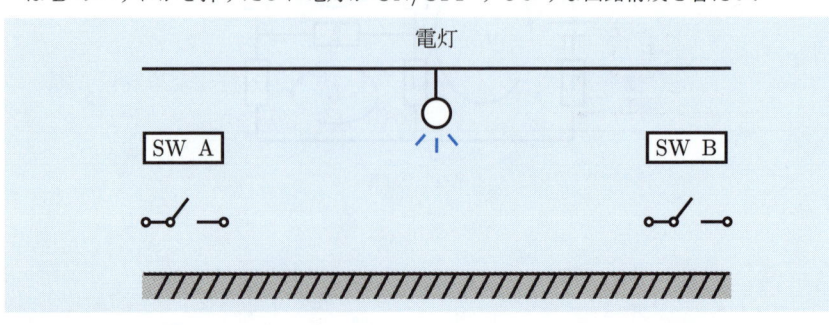

第3章

交流回路の基本

　交流では電圧と電流という物理量に加えて，周波数も存在する．さらに，時間を基準に相関関係を示す指標の位相も重要な要素となる．この章ではコイル，コンデンサといった電圧と電流の位相を変化させるものの特性について学ぶ．また，複素数表示，フェーザ表示といった交流の物理量の表現方法についても習熟する．

3.1 正弦波交流

交流電源に用いられる**正弦波交流**は図3.1に示すもので，交流正弦波電圧源 $v(t)$ [V] は次式で表される．

$$v(t) = V_\mathrm{m} \sin \omega t \tag{3.1}$$

ここで，V_m：最大値 [V]，T：周期 [s] は正弦波が1周期変化するまでの時間であり，周波数 f [Hz] と周期の関係は

$$f = \tfrac{1}{T} \tag{3.2}$$

となる．式 (3.1) における ω [rad/s] は電源の角周波数で，次式で表される．

$$\omega = 2\pi f \tag{3.3}$$

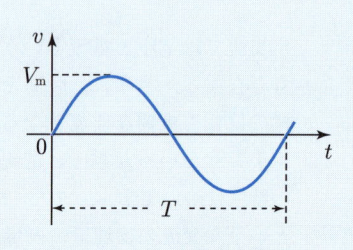

図3.1 正弦波交流

■ 例題3.1 ■ ─────────────────── 正弦波交流 ─

周波数が 60 Hz の交流電源について，次の値を求めよ．
(1) 周期 T
(2) 角周波数 ω

【解答】 (1) 周波数 $f = 60$ [Hz] であるので

$$T = \tfrac{1}{f}$$
$$= \tfrac{1}{60} \, [\sec]$$

(2)

$$\omega = 2\pi f$$
$$= 120\pi \, [\mathrm{rad/s}]$$

3.1 正弦波交流

3.1.1 平均値と実効値

交流の値の指標として平均値と実効値がある．平均値とは文字通り，1 周期の間の平均を求めることであるので

$$V_\mathrm{a} = \frac{1}{T} \int_0^T v\, dt \tag{3.4}$$

■ 例題 3.2 ■ ──────────────── 交流の平均値 ─

電圧が $v(t) = V_\mathrm{m} \sin \omega t$ であるとする．この電圧の平均値を求めよ．

【解答】 平均をとる関数が正弦波であると，周期の前半と後半を足すとゼロになる．よって，正の部分について平均を求め，平均値 V_a とする．

$$V_\mathrm{a} = \frac{1}{\pi} \int_0^\pi V_\mathrm{m} \sin \omega t\, d(\omega t)$$
$$= -\frac{1}{\pi} V_\mathrm{m} [\cos \omega t]_0^\pi = \frac{2}{\pi} V_\mathrm{m} \quad ①$$

つまり正弦波の場合は，平均値は最大値の $\frac{2}{\pi}$ 倍となる． ■

エネルギーを基準に考える実効値が用いられることも多い．**実効値**は電圧の各瞬時値の 2 乗を 1 周期分積分した値を，周期で除した結果の平方をとったものとなる．

$$V = \sqrt{\frac{1}{T} \int_0^T v(t)^2\, dt} \tag{3.5}$$

■ 例題 3.3 ■ ──────────────── 交流の実効値 ─

電圧が $v(t) = V_\mathrm{m} \sin \omega t$ であるとする．この電圧の実効値を求めよ．

【解答】 実効値の式 (3.5) から

$$V = \sqrt{\frac{1}{\pi} \int_0^\pi (V_\mathrm{m} \sin \omega t)^2\, d(\omega t)} = \sqrt{\frac{V_\mathrm{m}^2}{\pi} \int_0^\pi \frac{1 - \cos 2\omega t}{2}\, d(\omega t)}$$
$$= \sqrt{\frac{V_\mathrm{m}^2}{2\pi} \left[\omega t - \frac{1}{2} \sin 2\omega t\right]_0^\pi} = \frac{V_\mathrm{m}}{\sqrt{2}} \quad ①$$

つまり，正弦波交流の実効値は最大値 V_m の $\frac{1}{\sqrt{2}}$ 倍となる． ■

3.1.2 位　相

交流は時間とともに変化するため，同じ周波数，振幅でも波形がずれて重ならない場合がある．図 3.2 に 2 つの電圧波形 v_1 と v_2 を，波形の式を式 (3.6) に示す．

$$v_1 = V_\mathrm{m} \sin \omega t, \quad v_2 = V_\mathrm{m} \sin(\omega t - \theta) \tag{3.6}$$

この波形の差を**位相差**とよぶ．この例では v_1 に対して v_2 の位相が θ 遅れている．

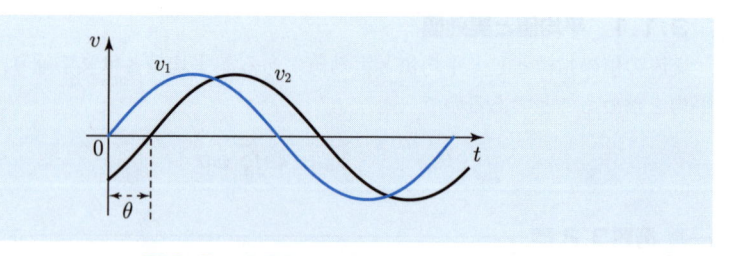

図3.2 位相差 θ の v_1 と v_2

■ **例題3.4** ■   位相

最大値が V_m, 角周波数が ω の正弦波の電圧 v_1 がある.
(1) v_1 より位相が $\frac{\pi}{3}$ 遅れる v_2 の式を書け.
(2) v_1 より位相が $\frac{1}{4}$ 周期進んだ v_3 の式を書け.

【解答】 (1) $v_1 = V_m \sin \omega t$ と表せる. 位相が $\frac{\pi}{3}$ 遅れるので
$$v_2 = V_m \sin\left(\omega t - \frac{\pi}{3}\right) \quad ①$$
(2) 位相が $\frac{1}{4}$ 周期進む, つまり $2\pi \frac{1}{4} = \frac{\pi}{2}$ 進むので
$$v_3 = V_m \sin\left(\omega t + \frac{\pi}{2}\right) \quad ② ■$$

3.1 節の関連問題

☐ **3.1** 図1のような三角波と方形波がある. 両方とも最大値が $16\,V$, 周期が $8\,\mathrm{sec}$ の場合について, 次の問に答えよ.
　　(1) 平均値を求めよ. 　(2) 実効値を求めよ.

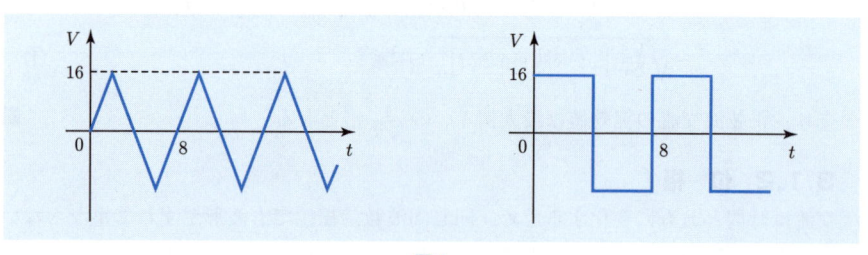

図1

☐ **3.2** 最大値が V_m, 角周波数が ω の正弦波の電圧 v_1 がある. この電圧に対して, 位相が $\frac{2}{3}\pi$ 遅れた v_2, さらに $\frac{2}{3}\pi$ 遅れた v_3 を求めよ. また, v_1 と v_3 の関係を示せ.

3.2 フェーザ表示と複素数表示

交流のフェーザ表示（極座標表示）とは，フェーザとよばれるベクトルの一種で電流や電圧などを表現するものである．図3.3に例を示す．

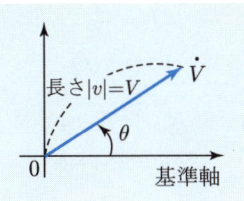

図3.3　フェーザ表示

3.2.1 フェーザ表示と複素数表示の基本

$$v = V_m \sin(\omega t + \theta) \tag{3.7}$$

をフェーザ表示する．フェーザの長さは v の大きさであるので，実効値 V となる．

$$|v| = \frac{V_m}{\sqrt{2}} = V \tag{3.8}$$

フェーザの向きは位相を示す．図3.3のように基準軸があり，その軸に対する位相を示す．フェーザの向きは基準軸から θ の角度で回転させた方向となる．v のフェーザは $\dot{V}$ と表し，フェーザ表示は次のように表現する．

$$\dot{V} = V \angle \theta \tag{3.9}$$

図3.4に示すように v について基準軸を実軸，基準軸と直交する軸を虚軸とする座標系でフェーザを表示することを**複素数表示**とよぶ．

フェーザの終点は実軸の座標と虚軸の座標を用いて表現できる．v について複素数表示を求めると実軸座標は $V\cos\theta$，虚軸座標は $V\sin\theta$ となるので

$$\dot{V} = V\cos\theta + jV\sin\theta \tag{3.10}$$

となる．ただし j は虚軸の座標であることを示す．

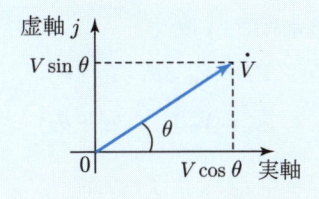

図3.4　複素数表示

■ 例題3.5 ■ ─────────── フェーザ表示と複素数表示─

$i = 4\sin(6t - \frac{\pi}{3})$ のフェーザ表示と複素数表示を示せ．

【解答】 フェーザの大きさは i の実効値

$$I = \frac{4}{\sqrt{2}}$$
$$= 2\sqrt{2}$$

となる．

$$\angle\theta = \angle\left(-\frac{\pi}{3}\right)$$

であるのでフェーザ表示は

$$\dot{I} = 2\sqrt{2}\angle\left(-\frac{\pi}{3}\right) \qquad ①$$

複素数表示は

$$\dot{I} = 2\sqrt{2}\cos\frac{\pi}{3} - j2\sqrt{2}\sin\frac{\pi}{3}$$
$$= \sqrt{2} - j\sqrt{6} \qquad ②$$

となる． ■

3.2.2 フェーザ表示を用いた乗算と除算

負荷に加わる電圧や電流，電力を求める際に乗算や除算を行う．フェーザ表示を使うと乗算や除算が便利である．

いま，次式で表される電圧 V と電流 I がある．

$$\dot{V} = V_\mathrm{m}\angle\theta_1$$
$$\dot{I} = I_\mathrm{m}\angle\theta_2 \qquad (3.11)$$

ここで，抵抗に相当するもの（インピーダンス，後述）は V を I で除すればよいので

$$\frac{\dot{V}}{\dot{I}} = \frac{V_\mathrm{m}\angle\theta_1}{I_\mathrm{m}\angle\theta_2}$$
$$= \frac{V_\mathrm{m}}{I_\mathrm{m}}\angle(\theta_1 - \theta_2) \qquad (3.12)$$

となる．

また，電力は V と I を乗ずればよいので

$$\dot{V}\dot{I} = V_\mathrm{m}\angle\theta_1 \cdot I_\mathrm{m}\angle\theta_2$$
$$= V_\mathrm{m}I_\mathrm{m}\angle(\theta_1 + \theta_2) \qquad (3.13)$$

となる．

例題 3.6　　フェーザ表示の乗算と除算

次の計算を求めよ．
(1) $\dfrac{20\angle\frac{\pi}{3}}{4\angle\left(-\frac{\pi}{2}\right)}$
(2) $3\angle\frac{\pi}{4}\cdot\frac{1}{2}\angle\frac{2}{3}\pi$
(3) $\dfrac{16\angle\frac{3}{4}\pi}{4\angle\frac{\pi}{3}}$

【解答】　(1)
$$\frac{20\angle\frac{\pi}{3}}{4\angle\left(-\frac{\pi}{2}\right)}=\frac{20}{4}\angle\left\{\frac{\pi}{3}-\left(-\frac{\pi}{2}\right)\right\}$$
$$=5\angle\frac{5}{6}\pi \qquad ①$$

(2)
$$3\angle\frac{\pi}{4}\cdot\frac{1}{2}\angle\frac{2}{3}\pi=3\frac{1}{2}\angle\left(\frac{\pi}{4}+\frac{2}{3}\pi\right)$$
$$=\frac{3}{2}\angle\frac{11}{12}\pi \qquad ②$$

(3)
$$\frac{16\angle\frac{3}{4}\pi}{4\angle\frac{\pi}{3}}=\frac{16}{4}\angle\left(\frac{3}{4}\pi-\frac{\pi}{3}\right)$$
$$=4\angle\frac{5}{12}\pi \qquad ③$$

3.2 節の関連問題

3.3 次のフェーザ表示を複素数表示に変換せよ．
　(1)　$20\angle\frac{\pi}{3}$　　(2)　$10\angle\left(-\frac{\pi}{6}\right)$　　(3)　$15\angle\frac{\pi}{4}$

3.4 次の複素数表示をフェーザ表示に変換せよ．
　(1)　$7-j7\sqrt{3}$　　(2)　$5\sqrt{2}-j5\sqrt{2}$　　(3)　$10\sqrt{3}+j10$

3.5 いま，電源電圧が $v=5\sin(20t+\frac{\pi}{3})$，回路に流れる電流が $i=2\sin(20t-\frac{\pi}{3})$ の回路がある．
　(1)　この回路のインピーダンス $\left(\dfrac{電圧}{電流}\right)$ を求めよ．
　(2)　この回路で発生する電力（電圧 × 電流）を求めよ．

3.3 オイラーの公式

正弦波交流を指数関数で表現できるようにする公式が**オイラーの公式**である．指数関数は合成，微分，積分の計算が三角関数より比較的容易にできるので，回路計算を行う上で便利である．オイラーの公式は

$$e^{j\theta} = \cos\theta + j\sin\theta \tag{3.14}$$

となる．式 (3.14) で $\theta = -\theta$ を代入すると次式を得る．

$$e^{-j\theta} = \cos\theta - j\sin\theta \tag{3.15}$$

この 2 式から $\sin\theta, \cos\theta$ について解くと

$$\begin{aligned}\cos\theta &= \tfrac{1}{2}(e^{j\theta} + e^{-j\theta}) \\ \sin\theta &= \tfrac{1}{2j}(e^{j\theta} - e^{-j\theta})\end{aligned} \tag{3.16}$$

■ **例題3.7** ■──────────────────── オイラーの公式の利用 ─

オイラーの公式と三角関数を用いて，次の問に答えよ．
(1) $e^{-j\theta} = \dfrac{1}{e^{j\theta}}$ を証明せよ．
(2) $e^{j(\theta_1+\theta_2)} = e^{j\theta_1}e^{j\theta_2}$ を利用して三角関数の加法定理を求めよ．

【解答】 (1)

$$\begin{aligned}e^{-j\theta} &= \cos(-\theta) + j\sin(-\theta) = \cos\theta - j\sin\theta \\ &= \frac{(\cos\theta - j\sin\theta)(\cos\theta + j\sin\theta)}{(\cos\theta + j\sin\theta)} \\ &= \frac{1}{(\cos\theta + j\sin\theta)} = \frac{1}{e^{j\theta}} \quad \text{①}\end{aligned}$$

(2)

$$\begin{aligned}e^{j(\theta_1+\theta_2)} &= e^{j\theta_1}e^{j\theta_2} = (\cos\theta_1 + j\sin\theta_1)(\cos\theta_2 + j\sin\theta_2) \\ &= \cos\theta_1\cos\theta_2 - \sin\theta_1\sin\theta_2 + j(\sin\theta_1\cos\theta_2 + \cos\theta_1\sin\theta_2) \quad \text{②}\end{aligned}$$

一方で

$$e^{j(\theta_1+\theta_2)} = \cos(\theta_1+\theta_2) + j\sin(\theta_1+\theta_2) \quad \text{③}$$

であり，実数部と虚数部が一致するので

$$\begin{aligned}\cos(\theta_1+\theta_2) &= \cos\theta_1\cos\theta_2 - \sin\theta_1\sin\theta_2 \\ \sin(\theta_1+\theta_2) &= \sin\theta_1\cos\theta_2 + \cos\theta_1\sin\theta_2\end{aligned} \quad \text{④}$$

となり，加法定理を導くことができた．　■

例題3.8 指数関数表示

次の複素数表示を指数関数表示にせよ

(1) $v = 3\sin 0.5t$
(2) $v = 5\sin(60t - \frac{2}{3}\pi)$
(3) $i = \sqrt{3}\sin(120t + \frac{\pi}{2})$

【解答】 (1)
$$v = 3e^{j0}$$

(2)
$$v = 5e^{-j\frac{2}{3}\pi}$$

(3)
$$i = \sqrt{3}\,e^{j\frac{\pi}{2}}$$

3.3 節の関連問題

☐ **3.6** 次の値を求めよ．

(1) $e^{j\frac{\pi}{6}}$
(2) $e^{j\frac{\pi}{2}}$
(3) $e^{-j\frac{2}{3}\pi}$

☐ **3.7** 次の複素数表示を指数関数表示にせよ．

(1) $v = 5 + j5\sqrt{3}$
(2) $v = -\frac{1}{2} - j\frac{\sqrt{3}}{2}$
(3) $i = -j3$

3.4 抵抗回路

図3.5のように電源電圧

$$v = V_\mathrm{m} \sin \omega t$$

に抵抗 R を接続する．抵抗に流れる電流 i は

$$\begin{aligned} i &= \frac{v}{R} \\ &= \frac{V_\mathrm{m}}{R} \sin \omega t \\ &= I_\mathrm{m} \sin \omega t \end{aligned} \tag{3.17}$$

となる．

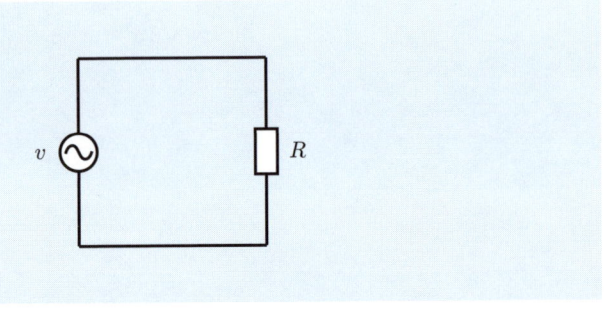

図3.5　抵抗を接続した交流回路

図3.6に電圧と電流を示す．このように抵抗を接続した場合は電圧と電流の変化は全く同じになる．

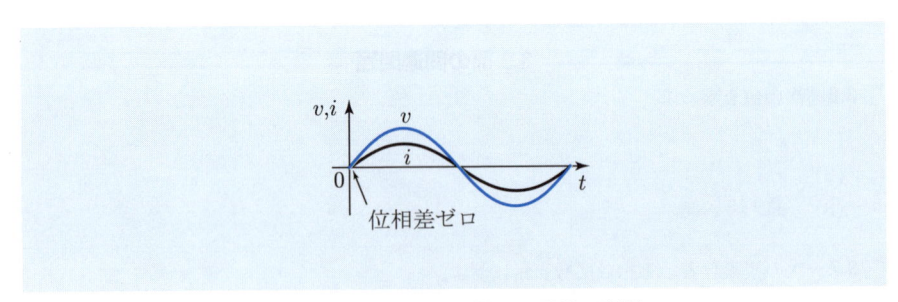

図3.6　抵抗回路の電圧と電流の関係

3.4 抵抗回路

例題3.9　抵抗回路のフェーザ表示と複素数表示

抵抗回路に加わる電圧と電流のフェーザ表示と複素数表示を示せ．ただし，電源電圧と電流の実効値をそれぞれ $V, I = \frac{V}{R}$ とする．

【解答】　電圧と電流の位相差はゼロとなる．フェーザで表すと

$$\dot{V} = V\angle 0$$
$$\dot{I} = I\angle 0 \qquad ①$$

フェーザ図は図3.7となる．

$\dot{V}$ と $\dot{I}$ を複素数表示すると，両者には位相のずれがない，つまり虚軸成分にあたるものがない．

$$\dot{V} = V$$
$$\dot{I} = I$$
$$\phantom{\dot{I}} = \frac{V}{R} \qquad ②$$

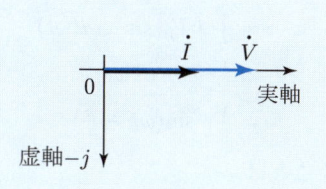

図3.7　抵抗回路のフェーザ表示

3.4節の関連問題

3.8 最大値が $10\,\mathrm{V}$，角周波数が $30\,\mathrm{rad/s}$ の電源に $2\,\Omega$ の抵抗を接続した．次の問に答えよ．
(1) 電圧 v の式を求めよ．
(2) 抵抗に流れる電流 i の式を求めよ．

3.5 インダクタンス回路

図3.8のような電源電圧 $v = V_\mathrm{m} \sin \omega t$，インダクタンス L の交流回路がある．

図3.8 コイルを接続した交流回路

コイルに加わる電圧 $v = L \frac{di}{dt}$ より電流は
$$i = \tfrac{1}{L} \int v dt$$
となる．計算すると
$$\begin{aligned} i &= \tfrac{1}{L} \int V_\mathrm{m} \sin \omega t d(\omega t) \\ &= \tfrac{V_\mathrm{m}}{\omega L}(-\cos \omega t) \\ &= \tfrac{V_\mathrm{m}}{\omega L} \sin(\omega t - \tfrac{\pi}{2}) \end{aligned} \tag{3.18}$$

この式から分かる重要なことは

(1) 電流の位相が電圧に対して $\frac{\pi}{2}$ 遅れる．
(2) インダクタンス回路での電圧と電流の比を**誘導リアクタンス** X_L とよぶ．
$$\begin{aligned} X_L &= \tfrac{v}{i} \\ &= \omega L = 2\pi f L \end{aligned}$$
となり，電源周波数の角周波数 ω に比例する．

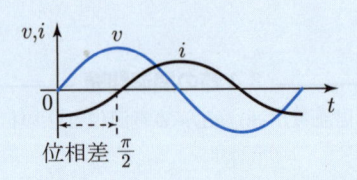

図3.9 インダクタンス回路の電圧と電流の関係

3.5 インダクタンス回路

■ 例題3.10 ■ ──────インダクタンス回路のフェーザ表示と複素数表示──

インダクタンス回路に加わる電圧と電流のフェーザ表示と複素数表示を示せ. ただし, 電源電圧の実効値を V, 自己インダクタンスを L とする.

【解答】 フェーザで表すと

$$\dot{V} = V\angle 0, \quad \dot{I} = I\angle\left(-\frac{\pi}{2}\right) = \frac{V}{\omega L}\angle\left(-\frac{\pi}{2}\right) \quad ①$$

図3.10のように電流は電圧に対して位相 $\frac{\pi}{2}$ [rad] 遅れる.

$\dot{V}$ と $\dot{I}$ を複素数表示すると, 次のようになる.

$$\dot{V} = V, \quad \dot{I} = \frac{I}{j} = \frac{V}{j\omega L} = -j\frac{V}{\omega L} \quad ②$$

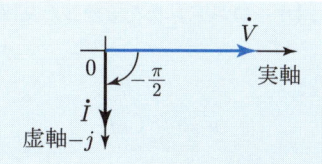

図3.10 インダクタンス回路の電圧と電流のフェーザ表示

■ 例題3.11 ■ ──────インダクタンスの周波数による変化──

(1) 自己インダクタンス $L = 1$ [mH] のコイルがある. このコイルを電源の角周波数が 400 rad/s の電源に接続した場合のリアクタンスの大きさを求めよ.

(2) 最大値が 100 V の正弦波交流に 50 mH のコイルを接続したところ, 流れた電流の最大値が 10 A となった. 正弦波交流の周波数を求めよ.

【解答】 (1) $X_L = \omega L = 1 \times 10^{-3} \cdot 400 = 0.4$ [Ω]

(2) 電流の最大値 $I_{\max} = 10 = \frac{V_{\max}}{\omega L} = \frac{100}{\omega 50 \times 10^{-3}}$ より, $\omega = 200$ [rad/s] となる. よって, 周波数 $f = \frac{\omega}{2\pi} = \frac{100}{\pi}$ [Hz] となる.

──────── 3.5 節の関連問題 ────────

□ **3.9** 最大値が 8 V, 角周波数が 100 rad/s の電源に 4 mH のコイルを接続した.
(1) 電圧 v の式を求めよ.
(2) コイルに流れる電流の最大値を求めよ.
(3) 電流の式を求めよ.
(4) 電源の角周波数が $\frac{1}{10}$ 倍になった場合に流れる電流を求めよ.

3.6 キャパシタンス回路

図3.11のような電源電圧 $v = V_m \sin \omega t$，キャパシタンスが C の交流回路がある．

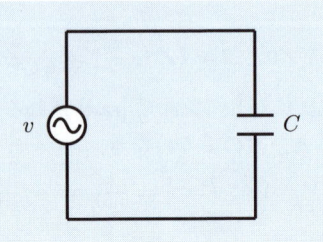

図3.11 コンデンサを接続した交流回路

コンデンサに加わる電圧は
$$v = \frac{1}{C} \int i\, dt$$
より，電流 $i = C \frac{dv}{dt}$ となる．計算すると

$$i = C \frac{d}{dt} V_m \sin \omega t$$
$$= V_m \omega C \cos \omega t$$
$$= V_m \omega C \sin(\omega t + \tfrac{\pi}{2}) \tag{3.19}$$

この式から分かる重要なことは

(1) 電流の位相が電圧に対して $\frac{\pi}{2}$ 進む．
(2) キャパシタンス回路での電圧と電流の比を**容量リアクタンス** X_C とよぶ．

$$X_C = \frac{v}{i}$$
$$= \frac{1}{\omega C} = \frac{1}{2\pi f C}$$

となり，電源周波数の角周波数 ω に反比例する．

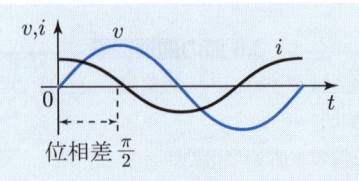

図3.12 キャパシタンス回路の電圧と電流の関係

例題3.12　　キャパシタンス回路のフェーザ表示と複素数表示

キャパシタンス回路に加わる電圧と電流のフェーザ表示と複素数表示を示せ．ただし電源電圧の実効値を V，キャパシタンスを C とする．

【解答】　フェーザで表すと

$$\dot{V} = V\angle 0, \quad \dot{I} = I\angle \frac{\pi}{2} = V\omega C \angle \frac{\pi}{2} \qquad ①$$

図3.13のように電流は電圧に対して位相 $\frac{\pi}{2}$ [rad] 進む．

$\dot{V}$ と $\dot{I}$ を複素数表示すると，次のようになる．

$$\dot{V} = V, \quad \dot{I} = jI = j\omega CV \qquad ②$$

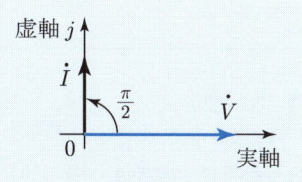

図3.13　キャパシタンス回路の電圧と電流のフェーザ表示

例題3.13　　キャパシタンスの周波数による変化

(1)　キャパシタンス $C = 1\,[\mu\mathrm{F}]$ のコンデンサがある．このコンデンサを電源の角周波数が $500\,\mathrm{rad/s}$ の電源に接続した場合のリアクタンスを求めよ．また，直流電源に接続した場合はどうなるか考察せよ．

(2)　最大値が $10\,\mathrm{V}$ の正弦波交流に $50\,\mathrm{mF}$ のコンデンサを接続したところ，流れた電流の最大値が $50\,\mathrm{A}$ となった．正弦波交流の周波数を求めよ．

【解答】　(1) $X_C = \frac{1}{\omega C} = \frac{1}{500 \cdot 1 \times 10^{-6}} = 2 \times 10^3$．直流電源に接続した場合は $\omega \to 0$，つまり分母がゼロに近づくのでインピーダンスは無限大となる．

(2)　電流の最大値は $I_{\max} = 50 = V_{\max}\omega C = 10 \cdot \omega \cdot 50 \times 10^{-3}\,[\mathrm{A}]$ より，$\omega = 100\,[\mathrm{rad/s}]$ となる．よって，周波数 $f = \frac{\omega}{2\pi} = \frac{50}{\pi}\,[\mathrm{Hz}]$ となる．

3.6 節の関連問題

3.10　最大値が $20\,\mathrm{V}$，角周波数が $200\,\mathrm{rad/s}$ の電源に $0.05\,\mathrm{F}$ のコンデンサを接続した．
(1)　電圧 v の式を求めよ．
(2)　コンデンサに流れる電流の最大値を求めよ．
(3)　電流の式を求めよ．
(4)　電源の角周波数が 20 倍になった場合に流れる電流を求めよ．

3.7 インピーダンスとアドミタンス

いま,ある回路に電圧 V [V] が加わったとき,電流 I [A] が流れたとする.このときの電圧と電流の比をこの回路の**インピーダンス** Z [Ω] とよぶ.

$$\dot{V} = \dot{Z}\dot{I} \tag{3.20}$$

Z は抵抗成分 R(抵抗回路における電圧と電流の比)とリアクタンス成分 X(インダクタンス,およびキャパシタンス回路における電圧と電流の比)に分けて表示される.

$$\dot{Z} = R + jX$$
$$|Z| = \sqrt{R^2 + X^2} \tag{3.21}$$

例題3.14 ────────────── インピーダンス ─

インピーダンス $\dot{Z} = 4 + j3$ がある.
(1) このインピーダンスの大きさを求めよ.
(2) 流れる電流 $\dot{I} = 6 + j4$ のとき,加えられた電圧を求めよ.

【解答】 (1)
$$|Z| = \sqrt{4^2 + 3^2}$$
$$= 5$$

(2)
$$\dot{V} = \dot{Z}\dot{I}$$
$$= (4 + j3)(6 + j4)$$
$$= 24 + j18 + j16 - 12$$
$$= 12 + j34 \qquad ①■$$

インピーダンスの逆数である電流と電圧の比を**アドミタンス** Y [S] とよぶ.

$$\dot{I} = \dot{Y}\dot{V} \tag{3.22}$$

Y は抵抗成分における電流と電圧の比**コンダクタンス** G [S] とリアクタンス成分における電流と電圧の比**サセプタンス** B [S] に分けて表示される.

$$\dot{Y} = G + jB$$
$$|Y| = \sqrt{G^2 + B^2} \tag{3.23}$$

3.7 インピーダンスとアドミタンス

例題3.15 ――――アドミタンス

(1) インピーダンス $\dot{Z} = 10 + j2$ のアドミタンスを求めよ.

(2) アドミタンスの大きさが $20\,\mathrm{S}$ でサセプタンスが $5\,\mathrm{S}$ の場合,コンダクタンスを求めよ.

【解答】 (1)

$$\dot{Y} = \frac{1}{\dot{Z}}$$
$$= \frac{1}{10+2j}$$
$$= \frac{1}{2}\frac{5-j}{(5+j)(5-j)}$$
$$= \frac{5-j}{52} \qquad ①$$

(2) $|Y| = \sqrt{G^2 + B^2}$ で,$|Y| = 20, B = 5$ であるので

$$G = \sqrt{20^2 - 5^2}$$
$$= 5\sqrt{15} \qquad ②$$

となる. ■

―――― 3.7 節の関連問題 ――――

□ **3.11** インピーダンス $\dot{Z}_1 = 2 + j2$ と $\dot{Z}_2 = 1 - j$ がある.次の問に答えよ.

(1) Z_1 と Z_2 を直列接続した場合の合成インピーダンスを求めよ.
(2) Z_1 と Z_2 を並列接続した場合の合成インピーダンスを求めよ.
(3) Z_1 と Z_2 を直列接続した場合の合成アドミタンスを求めよ.

3章の問題

☐ **1** 1周期が $10\,\text{sec}$ で最大値が $5\,\text{V}$ の正弦波交流 v がある．
  (1) 周波数を求めよ．
  (2) 角周波数を求めよ．
  (3) v の式を求めよ．

☐ **2** 最大値が $8\,\text{V}$，角周波数が $10\,\text{rad/s}$ の正弦波電圧 v がある．
  (1) 電圧 v の式を求めよ．
  (2) 平均値を求めよ．
  (3) 実効値を求めよ．
  (4) 周波数が 10 倍，もしくは $\frac{1}{10}$ になった場合の平均値，実効値はどうなるか．

☐ **3** 最大値が $100\,\text{V}$，周波数が $60\,\text{Hz}$ の電圧源 v_a がある．v_a に対して，$\frac{1}{2}\pi$ 遅れた電圧 v_1，$\frac{1}{3}\pi$ 進んだ電圧 v_2 を求めよ．

☐ **4** インダクタンスが $100\,\text{mH}$ のコイルがある．
  (1) このコイルに $v = 100\sin 200t\,[\text{V}]$ の電圧を接続する．コイルの誘導リアクタンスを求めよ．
  (2) コイルに流れる電流を求めよ．

☐ **5** キャパシタンスが $50\,\mu\text{F}$ のコンデンサがある．
  (1) キャパシタンスを $100\,\mu\text{F}$ にする方法を述べよ．
  (2) $100\,\mu\text{F}$ のコンデンサの容量リアクタンス $X_C = 100\,[\Omega]$ になる場合，接続された電源の角周波数 $[\text{rad/s}]$ を求めよ．
  (3) (2) で求めた電源の最大値が $20\,\text{V}$ とする．電源の初期位相がゼロとしてコンデンサに流れる電流を求めよ．

☐ **6** 電源電圧 $v = 100\sin 400t\,[\text{V}]$ の電源がある．
  (1) この電源に $L = 25\,[\text{mH}]$ のコイルを接続した場合に流れる電流 i を求めよ．
  (2) この電源に $C = 100\,[\text{mF}]$ のコンデンサを接続した場合に流れる電流 i を求めよ．

☐ **7** $i = 10\sin 1000t\,[\text{A}]$ の電流源がある．
  (1) この電源に $L = 5\,[\text{mH}]$ のコイルを接続した場合にコイルに加わる電圧 v を求めよ．
  (2) この電源に $C = 10\,[\mu\text{F}]$ のコンデンサを接続した場合にコンデンサに加わる電圧 v を求めよ．

☐ **8** $Z_1 = 3 + j, Z_2 = 6 - j2, Z_3 = 2 + j2$ のインピーダンスがある．
  (1) 3つのインピーダンスを直列接続した場合の合成インピーダンス Z を求めよ．
  (2) 3つのインピーダンスを並列接続した場合の合成アドミタンス Y を求めよ．
  (3) Z_1 と Z_2 を並列接続し，その回路に Z_3 を直列に接続した．合成インピーダンスを求めよ．

第4章

交流回路の応用

　この章では交流回路の基礎をもとに，より一般的な交流回路の性質について習熟する．具体的には，直流回路でとりあげたキルヒホフの法則や，重ね合わせの理などの回路を解く手段が交流回路でも適用できることを，演習を通じて学ぶ．さらに，電源周波数によって特別な状態になる共振回路について，その性質を学ぶ．

4.1 複数の素子を含む交流回路

4.1.1 *R-L* 回路

図4.1のように正弦波交流電源に抵抗 R とコイル L を直列接続する.

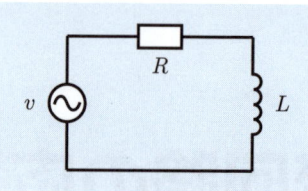

図4.1 *R-L* 回路

電源の正弦波交流電流を $i = I_\mathrm{m} \sin \omega t$ とすると, R と L に流れる電流は電源を出発する電流と同じであるので, R と L に加わる電圧は

$$v_R = R I_\mathrm{m} \sin \omega t$$
$$v_L = L \frac{di}{dt} = L \frac{d}{dt} I_\mathrm{m} \sin \omega t \tag{4.1}$$
$$= \omega L I_\mathrm{m} \cos \omega t = \omega L I_\mathrm{m} \sin \left(\omega t + \frac{\pi}{2}\right)$$

これをフェーザ表示すると

$$\dot{V}_R = RI \angle 0, \quad \dot{V}_L = \omega L I \angle \frac{\pi}{2} \tag{4.2}$$

$$\dot{V} = \dot{V}_R + \dot{V}_L = ZI \angle \theta \tag{4.3}$$

$$Z = \sqrt{R^2 + (\omega L)^2}, \quad \theta = \tan^{-1} \frac{\omega L}{R} \tag{4.4}$$

インピーダンス Z の複素数表示は

$$\dot{Z} = R + j\omega L = R + jX_L \tag{4.5}$$

図4.2に電圧と電流の関係を, 図4.3にフェーザ表示を示す.

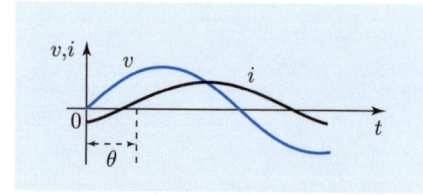

図4.2 *R-L* 直列回路の電圧と電流の関係

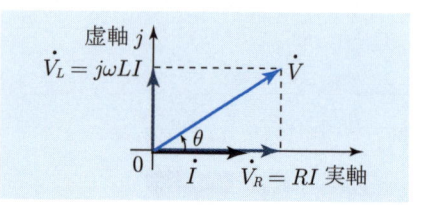

図4.3 *R-L* 直列回路の電圧と電流のフェーザ表示

例題4.1　　　　　　　　　　　　　　　　　　　　　　　　　　　　R-L 直列回路

図4.4のように抵抗 $R = 10\,[\Omega]$ とインダクタンス $L = 5\,[\text{mH}]$ を直列に接続した回路がある．電源の波高値が $10\,\text{V}$，角周波数が $200\,\text{rad/s}$ のとき，次の問に答えよ．

(1) この回路のインピーダンスを複素数表示で示せ．
(2) 回路に流れる電流を求めよ．
(3) R と L のそれぞれに加わる電圧を求めよ．

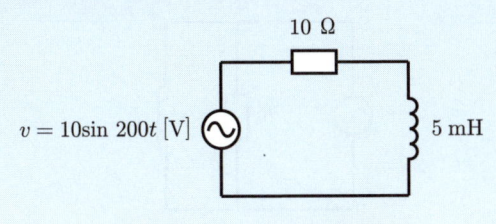

図4.4　R-L 直列回路

【解答】(1)
$$\dot{Z} = 10 + j\omega 0.005$$
$$= 10 + j1$$

(2) 位相角は
$$\theta = \tan^{-1}\frac{1}{10} = \tan^{-1} 0.1$$

電流の最大値は
$$I_\text{m} = \frac{V_\text{m}}{Z}$$
$$= \frac{10}{\sqrt{10^2+1^2}} = \frac{10}{\sqrt{101}}$$

となる．よって，電流は
$$i = \frac{10}{\sqrt{101}} \sin(200t - \theta)\,[\text{A}] \qquad ①$$

(3) 抵抗に加わる電圧
$$v_R = Ri$$
$$= \frac{100}{\sqrt{101}} \sin(200t - \theta)\,[\text{V}] \qquad ②$$

コイルに加わる電圧
$$v_L = L\frac{di}{dt}$$
$$= 200 \cdot 0.005 \frac{10}{\sqrt{101}} \cos(200t - \theta)$$
$$= \frac{10}{\sqrt{101}} \sin\left(200t + \frac{\pi}{2} - \theta\right)\,[\text{V}] \qquad ③$$

となる．

例題4.2　　　　　　　　　　　　　　　　　　　　　　　　　　　R-L 並列回路

図4.5のような並列回路があり，電源電圧 $v = V_\mathrm{m} \sin \omega t$ とする．次の問に答えよ．
(1) この回路のアドミタンスを求めよ．
(2) この回路のインピーダンスを求めよ．
(3) R および L に加わる電圧，および電流を求めよ．また，電源から流れる電流を求めよ．

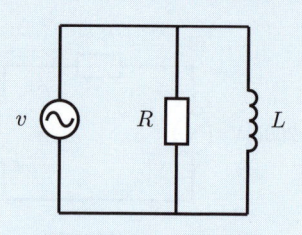

図4.5　R-L 並列回路

【解答】(1) 並列回路の合成アドミタンスは，各アドミタンスの和となる．

$$\dot{Y} = \frac{1}{R} + \frac{1}{j\omega L}$$
$$= \frac{1}{R} - j\frac{1}{j\omega L} \qquad ①$$

大きさ，および位相角は

$$Y = \sqrt{\frac{1}{R^2} + \frac{1}{(\omega L)^2}}$$
$$\theta = -\tan^{-1} \frac{\frac{1}{\omega L}}{\frac{1}{R}} \qquad ②$$
$$= -\tan^{-1} \frac{R}{\omega L}$$

(2) インピーダンスはアドミタンスの逆数となるので

$$\dot{Z} = \frac{1}{Y}$$
$$= \frac{1}{\frac{1}{R} + \frac{1}{j\omega L}}$$
$$= \frac{jR\omega L}{R + j\omega L}$$
$$= \frac{1}{R^2 + (\omega L)^2}\{R(\omega L)^2 + jR^2 \omega L\} \qquad ③$$

(3) R と L に加わる電圧は電源電圧と同じであるので

$$v = V_\mathrm{m} \sin \omega t$$

R と L に流れる電流はそれぞれ

4.1 複数の素子を含む交流回路

$$i_R = \frac{V_\mathrm{m}}{R} \sin \omega t$$
$$i_L = \frac{1}{L} \int V_\mathrm{m} \sin \omega t\, d(\omega t)$$
$$= -\frac{1}{\omega L} V_\mathrm{m} \cos \omega t$$
$$= \frac{1}{\omega L} V_\mathrm{m} \sin \left(\omega t - \frac{\pi}{2}\right)$$

④

正弦波交流電源に R と L を並列接続する．R と L に加わる電圧は電源電圧と同じであるので，R と L に流れる電流はそれぞれ

$$i_R = \frac{V_\mathrm{m}}{R} \sin \omega t$$
$$i_L = \frac{1}{L} \int V_\mathrm{m} \sin \omega t\, d(\omega t)$$
$$= -\frac{1}{\omega L} V_\mathrm{m} \cos \omega t$$
$$= \frac{1}{\omega L} V_\mathrm{m} \sin \left(\omega t - \frac{\pi}{2}\right)$$

⑤

これをフェーザ表示すると

$$\dot{I}_R = \frac{V}{R} \angle 0$$
$$\dot{I}_L = \frac{V}{\omega L} \angle \left(-\frac{\pi}{2}\right)$$

⑥

となる．

電源から供給される電流は

$$\dot{I} = \dot{I}_R + \dot{I}_L$$
$$= YV \angle \theta$$

⑦

となる．フェーザ表示を図4.6に示す．

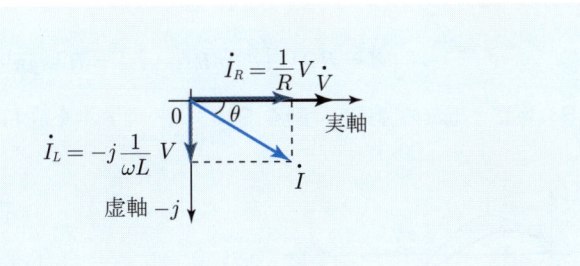

図4.6 R-L 並列回路の電圧と電流のフェーザ表示

4.1.2 R-C 回路

電気の双対性より性質はインダクタンスと逆になるが,基本的な考え方は同じである.図4.7 の R-C 直列回路について考える.

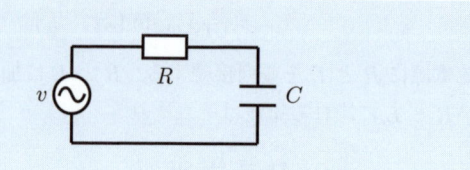

図4.7 R-C 直列回路

R と C に流れる電流は電源電流と同じであるので,R と C に加わる電圧は

$$v_R = RI_m \sin \omega t \tag{4.6}$$

$$v_C = \frac{1}{C} \int I_m \sin \omega t\, d(\omega t)$$

$$= -\frac{I_m}{\omega C} \cos \omega t = \frac{I_m}{\omega C} \sin\left(\omega t - \frac{\pi}{2}\right) \tag{4.7}$$

これをフェーザ表示すると

$$\dot{V}_R = RI \angle 0$$

$$\dot{V}_C = \frac{1}{\omega C} I \angle \left(-\frac{\pi}{2}\right) \tag{4.8}$$

$$\dot{V} = \dot{V}_R + \dot{V}_C = ZI \angle \theta \tag{4.9}$$

$$Z = \sqrt{R^2 + \frac{1}{(\omega C)^2}}$$

$$\theta = -\tan^{-1} \frac{1}{\omega CR} \tag{4.10}$$

Z の複素数表示は

$$\dot{Z} = R + \frac{1}{j\omega C} = R + \frac{1}{jX_C} = R - j\frac{1}{X_C} \tag{4.11}$$

図4.8 に電圧と電流の関係を,図4.9 にフェーザ表示を示す.

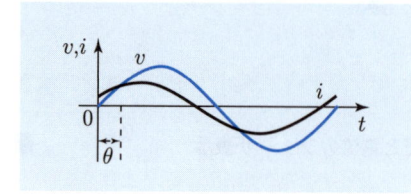

図4.8 R-C 直列回路の電圧と電流の関係

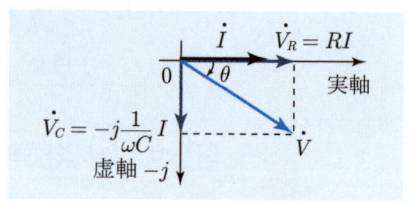

図4.9 R-C 直列回路電圧と電流のフェーザ表示

4.1 複数の素子を含む交流回路

例題4.3 ――――――――――――――――――――― R-C 直列回路 ―

図4.10のような回路がある．次の問に答えよ．
(1) この回路のインピーダンスを複素数表示で示せ．
(2) 回路に流れる電流を求めよ．
(3) R と C のそれぞれに加わる電圧を求めよ．

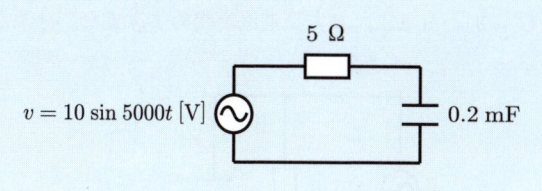

図4.10 R-C 直列回路

【解答】 (1)

$$\dot{Z} = 5 + \frac{1}{\omega 0.2 \times 10^{-3}}$$
$$= 5 - j$$

(2) 位相角は

$$\theta = \tan^{-1} \frac{-1}{5}$$
$$= -\tan^{-1} 0.2$$

電流の最大値は

$$I_\mathrm{m} = \frac{V_\mathrm{m}}{Z}$$
$$= \frac{10}{\sqrt{5^2+1^2}}$$
$$= \frac{10}{\sqrt{26}}$$

となる．よって，電流は

$$i = \frac{10}{\sqrt{26}} \sin(5000t + \theta) \,[\mathrm{A}] \qquad ①$$

(3) 抵抗に加わる電圧

$$v_R = Ri$$
$$= \frac{50}{\sqrt{26}} \sin(5000t + \theta) \,[\mathrm{V}] \qquad ②$$

コイルに加わる電圧

$$v_C = \frac{1}{C} \int i\,dt$$
$$= -\frac{1}{5000 \cdot 0.2 \times 10^{-3}} \frac{10}{\sqrt{26}} \cos(5000t + \theta)$$
$$= \frac{10}{\sqrt{26}} \cos\left(5000t - \frac{\pi}{2} + \theta\right) [\mathrm{V}] \qquad ③$$

となる． ∎

例題4.4　　　　　　　　　　　　　　　　　　　　　　　　R-C 並列回路

図4.11のような並列回路があり，電源電圧 $v = V_\mathrm{m} \sin \omega t$ とする．次の問に答えよ．
(1) この回路のアドミタンスを求めよ．
(2) この回路のインピーダンスを求めよ．
(3) R および C に加わる電圧，および電流を求めよ．また，電源から流れる電流を求めよ．

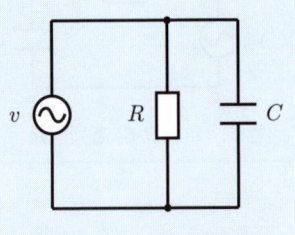

図4.11 R-C 並列回路

【解答】 (1) 並列回路の合成アドミタンスは各アドミタンスの和となる．

$$\dot{Y} = \frac{1}{R} + j\omega C \qquad ①$$

大きさ，および位相角 θ は

$$Y = \sqrt{\frac{1}{R^2} + (\omega C)^2}$$

$$\theta = \tan^{-1} \frac{\omega C}{\frac{1}{R}} = \tan^{-1} \omega CR \qquad ②$$

となる．

(2) インピーダンスはアドミタンスの逆数となるので

$$\dot{Z} = \frac{1}{\dot{Y}} = \frac{1}{\frac{1}{R} + j\omega C} = \frac{R}{1 + j\omega CR}$$

$$= \frac{R}{1 + (\omega CR)^2}(1 - j\omega CR) \qquad ③$$

(3) R と C に加わる電圧は電源電圧と同じであるので

$$v = V_m \sin \omega t$$

R と C に流れる電流はそれぞれ

$$i_R = \frac{V_\mathrm{m}}{R} \sin \omega t$$

$$i_C = C \frac{d}{dt} V_\mathrm{m} \sin \omega t$$

$$= \omega C V_\mathrm{m} \cos \omega t$$

$$= \omega C V_\mathrm{m} \sin \left(\omega t + \frac{\pi}{2}\right) \qquad ④$$

4.1 複数の素子を含む交流回路

これをフェーザ表示すると

$$\dot{I}_R = \frac{V}{R}\angle 0$$
$$\dot{I}_C = \omega CV \angle \frac{\pi}{2} \qquad ⑤$$
$$\dot{I} = \dot{I}_R + \dot{I}_C$$
$$= YV\angle\theta \qquad ⑥$$

となる．回路のアドミタンス Y，電流と電圧の位相差 θ は

$$Y = \sqrt{\frac{1}{R^2} + (\omega C)^2}$$
$$\theta = \tan^{-1}\frac{\omega C}{\frac{1}{R}}$$
$$= \tan^{-1}\omega CR \qquad ⑦$$

電源から供給される電流は

$$\dot{I} = \dot{I}_R + \dot{I}_C$$
$$= YV\angle\theta \qquad ⑧$$

フェーザ表示を図4.12に示す．

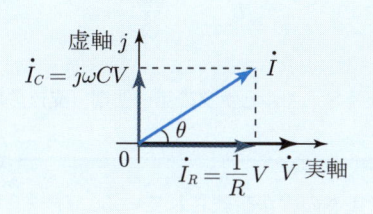

図4.12 R-C 並列回路のフェーザ表示

4.1 節の関連問題

☐ **4.1** 抵抗 $R = 6\,[\Omega]$ とインダクタンス $L = 8\,[\mathrm{mH}]$ を直列に接続した回路がある．この回路に $v = 25\sin 1000t\,[\mathrm{V}]$ の電源を接続する．次の問に答えよ．
(1) 回路のインピーダンス Z を求めよ
(2) 回路に流れる電流を求めよ．
(3) 電源周波数が高くなった場合，インピーダンスがどうなるか答えよ．また，電源周波数が低くなった場合についても答えよ．

4.2 キルヒホッフの法則

交流回路においてもキルヒホッフの法則が適用できる．ただし，直流と違い，交流においては電圧と電流はスカラー量ではなく，ベクトル量であることに注意が必要である．

4.2.1 キルヒホッフの第一法則（電流則）

図4.13に示すように回路の分岐点に 5 本の導線が接続されていて，それぞれ $\dot{I}_1$ から $\dot{I}_5$ の電流が流れている．$\dot{I}_1, \dot{I}_3, \dot{I}_4$ が流れ込み，$\dot{I}_2, \dot{I}_5$ が流れ出ているとする．流れ込む電流と流れ出る電流の総和は等しくなる．

$$\dot{I}_1 + \dot{I}_3 + \dot{I}_4 = \dot{I}_2 + \dot{I}_5 \tag{4.12}$$

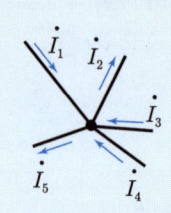

図4.13 キルヒホッフの第一法則（交流の場合）

例題4.5 ───────────────── キルヒホッフの第一法則 ─

回路にある接点 P に 4 本の線が接続されている．$I_1 = 5+j4, I_2 = 4-j3, I_3 = -5+j4$ のとき，もう 1 本の線の電流 I_4 はどのように流れているか示せ．ただし，I_1 と I_3 は接点 P に流れ込む方向，I_2 は P から流れ出る方向にある．

【解答】 $I_4 = x + jy$ で，流れ出る方向とおく．
$$I_1 + I_3 = I_2 + I_4$$
$$5 + j4 - 5 + j4 = 4 - j3 + x + jy \qquad ①$$

実数部と虚数部を比較して
$$5 - 5 = 4 + x$$
$$4 + 4 = -3 + y \qquad ②$$

より，$x = -4, y = 11$ となる．よって，$-4+j11$ の電流が流れ出ている．もしくは，逆に $4 - j11$ の電流が流れ込んでいる．

4.2.2 キルヒホフの第二法則（電圧則）

回路網の任意の閉回路について回路を一方向にたどるとき，回路中の電源の総和と負荷による電圧降下のベクトル和は等しくなる．

図4.14のような回路網があるとする．いま，この図の電流ループについて，時計回りに回路をたどる．電源の向き，抵抗を流れる電流の向きに注意して，電圧と電圧降下をたどると

$$\dot{V}_1 - \dot{Z}_1 \dot{I}_1 - \dot{Z}_2 \dot{I}_2 + \dot{Z}_3 \dot{I}_3 + \dot{V}_2 + \dot{Z}_4 \dot{I}_4 = 0 \tag{4.13}$$

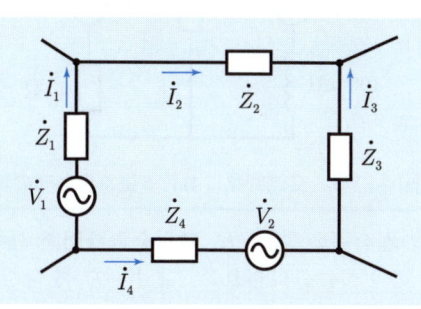

図4.14 キルヒホフの第二法則（交流の場合）

■ **例題4.6** ■ ─────────────── キルヒホフの第二法則 ─

図4.14において，$V_1 = 20, V_2 = -15$，また $Z_1 = 2+j4, Z_2 = 5-j4, Z_3 = 6+j3, Z_4 = 4-j2$ である．電流 $I_1 = 4, I_2 = 3+j2, I_3 = 6+j2$ のとき，I_4 を求めよ．

【解答】 式 (4.13) に問の値を代入する．ただし，$I_4 = x + jy$ とする．

$$20 - (2+j4)4 - (5-j4)(3+j2)$$
$$+ (6+j3)(6+j2) - 15 + (4-j2)(x+jy) = 0$$
$$(20 - 8 - 15 - 8 + 36 - 6 - 15 + 4x + 2y)$$
$$+ j(-16 + 12 - 10 + 18 + 12 - 2x + 4y) = 0$$
$$(4 + 4x + 2y) + j(16 - 2x + 4y) = 0 \qquad ①$$

よって，実数部と虚数部の両方がゼロになればよいので
$$4x + 2y = -4$$
$$-2x + 4y = -16 \qquad ②$$

これを解いて，$(x, y) = (\frac{4}{5}, -\frac{18}{5})$，$I_4 = \frac{4}{5} - j\frac{18}{5}$．　■

重ね合わせの理，鳳–テブナンの定理についても電圧，電流，負荷を代数でなくベクトルとして扱うことで直流回路での結論を拡張して適用できる．

■ **例題4.7** ■ ─────────────── 交流回路における重ね合わせの理 ─

図4.15のような交流回路がある．この回路に流れる電流 I_1, I_2, I_3 を求めよ．ただし，電源電圧 $E_1 = 100\sin 100t, E_2 = 100\sin(100t + \frac{\pi}{2})$ である．

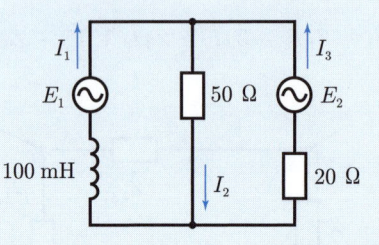

図4.15 交流回路における重ね合わせの理

【解答】 重ね合わせの理を用いると，E_1 のみを含む回路（図4.16）と E_2 のみを含む回路（図4.17）の2つに分けられる．まず，E_1 を含む回路について考えると（$E_1 = 100$）

$$I_{1A} = \frac{(50+20)100}{j10\cdot 50 + 50\cdot 20 + j10\cdot 20}$$
$$= \frac{7000}{1000 + j700}$$
$$I_{2A} = \frac{20\cdot 100}{j10\cdot 50 + 50\cdot 20 + j10\cdot 20}$$
$$= \frac{2000}{1000 + j700}$$
$$I_{3A} = \frac{-50\cdot 100}{j10\cdot 50 + 50\cdot 20 + j10\cdot 20}$$
$$= \frac{-5000}{1000 + j700}$$

①

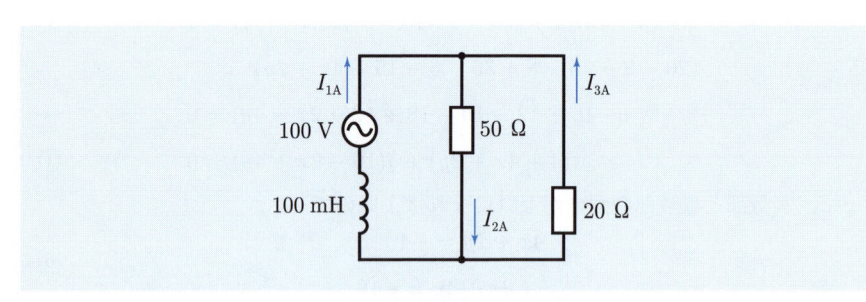

図4.16 重ね合わせ図1

4.2 キルヒホフの法則

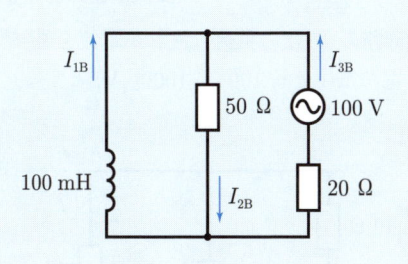

図4.17 重ね合わせ図2

E_2 を含む回路については（$E_2 = j100$）

$$I_{1B} = \frac{-50 \cdot j100}{j10 \cdot 50 + 50 \cdot 20 + j10 \cdot 20}$$
$$= \frac{-j5000}{1000 + j700}$$
$$I_{2B} = \frac{j10 \cdot j100}{j10 \cdot 50 + 50 \cdot 20 + j10 \cdot 20}$$
$$= \frac{-1000}{1000 + j700}$$
$$I_{3B} = \frac{(j10 + 50) \cdot j100}{j10 \cdot 50 + 50 \cdot 20 + j10 \cdot 20}$$
$$= \frac{-1000 + j5000}{1000 + j700}$$

②

重ね合わせの理より，求める電流は図4.16と図4.17の回路に流れる電流の和となるので

$$I_1 = I_{1A+1B}$$
$$= \frac{70 - j50}{10 + j7}$$
$$= \frac{350 - j990}{149} \text{ [A]}$$
$$I_2 = I_{2A+2B}$$
$$= \frac{10}{10 + j7}$$
$$= \frac{100 - j70}{149} \text{ [A]}$$
$$I_3 = I_{3A+3B}$$
$$= \frac{-60 + j50}{10 + j7}$$
$$= \frac{-250 + j920}{149} \text{ [A]}$$

③

となる．

例題4.8 — 交流回路における鳳–テブナンの定理

図4.18のような回路の $40\,\Omega$ の負荷に流れる電流を鳳–テブナンの定理を用いて求めよ。ただし、電源電圧 $e = 100\sin 1000t\,[\text{V}]$ とする。

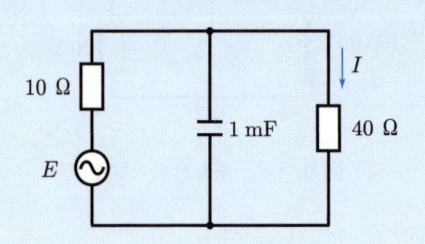

図4.18 交流回路における鳳–テブナンの定理

【解答】 鳳–テブナンの定理は

$$I = \frac{V_0}{Z_0 + Z} \quad ①$$

である。ただし、V_0 は負荷を取り出した端子間に発生する電圧で Z_0 はその端子から見た内部インピーダンス、Z は取り出したインピーダンスでここでは $40\,\Omega$ である。よって、図4.19のように回路を分ければよい。Z_0 は図4.20の回路の端子 a-b に対して、図のように右側から見たインピーダンスである。

まず、端子 a-b 間に発生する電圧 V_0 を求める。

$$\begin{aligned}
V_0 &= \frac{100}{10 - j\frac{1}{1}} \left(-j\frac{1}{1}\right) \\
&= \frac{100}{1 + j10} \quad ②
\end{aligned}$$

端子 a-b から見たインピーダンス Z_0 は

$$Z_0 = \frac{10}{1 + j10} \quad ③$$

よって、電流 I は

$$\begin{aligned}
I &= \frac{\frac{100}{1+j10}}{\frac{10}{1+j10} + 40} \\
&= \frac{100}{10 + 40 + j400} \\
&= \frac{2}{1 + j8} \\
&= \frac{2 - j16}{65}\,[\text{A}] \quad ④
\end{aligned}$$

となる。

4.2 キルヒホフの法則

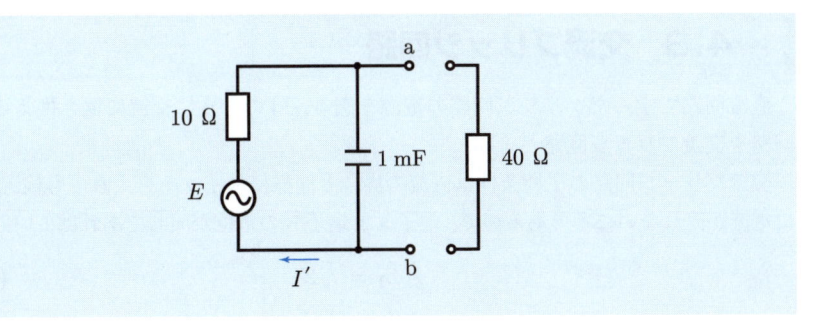

図4.19

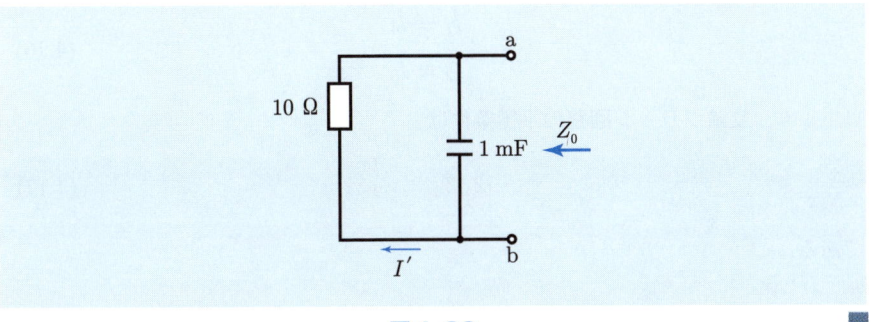

図4.20

4.2 節の関連問題

☐ **4.2** 図1のように接点が2つある．I_1 の大きさを求めよ．

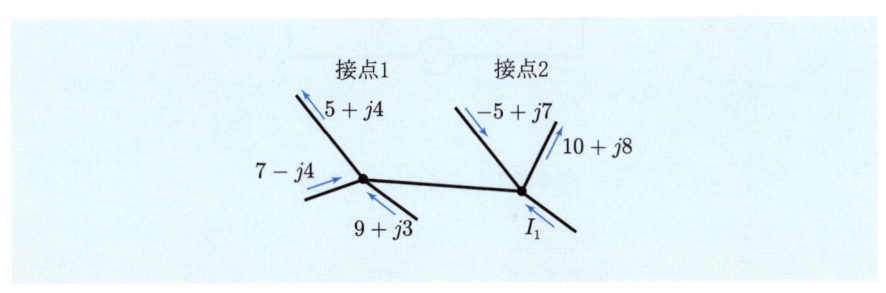

図1　キルヒホフの第一法則

4.3 交流ブリッジ回路

直流回路で学んだブリッジ回路の電源を図4.21のように交流に置き換える．この回路を**交流ブリッジ回路**とよぶ．

交流ブリッジ回路の平衡条件は直流の場合と同様にスイッチを入れても検流計Dをに電流が流れないことであるので，端子aと端子bの電位が同じであればよい．つまり

$$\dot{I}_1 \dot{Z}_1 = \dot{I}_2 \dot{Z}_2 \tag{4.14}$$

$$\dot{I}_3 \dot{Z}_3 = \dot{I}_4 \dot{Z}_4 \tag{4.15}$$

また接点a,bにおいてa-b間に電流が流れないので

$$\begin{aligned} \dot{I}_1 &= \dot{I}_4 \\ \dot{I}_2 &= \dot{I}_3 \end{aligned} \tag{4.16}$$

以上より，**交流ブリッジ回路の平衡条件**は

$$\dot{Z}_1 \dot{Z}_3 = \dot{Z}_2 \dot{Z}_4 \tag{4.17}$$

である．

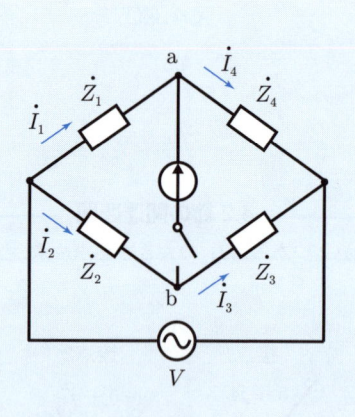

図4.21 交流ブリッジ回路

例題4.9　　　　　　　　　　　　　　　交流ブリッジ回路の平衡条件

図4.21の回路が平衡状態にあるとして，次の問に答えよ．ただし，交流電源 V の角周波数が ω で，各負荷のインピーダンスが $Z_1 = 5 - j4, Z_2 = 3, Z_3 = 3 + j2$ である．
(1) Z_4 のインピーダンスを求めよ．
(2) $\omega = 100$ であったとする．Z_4 がどのような構成か答えよ．

【解答】　(1) $Z_4 = x + jy$ とおく．ブリッジの平衡条件は
$$Z_1 Z_3 = Z_2 Z_4$$
であるので
$$(5 - j4)(3 + j2) = 3(x + jy)$$
$$23 - j2 = 3x + j3y \qquad ①$$
より，左辺と右辺の実数部と虚数部が一致すればいいので，$(x, y) = (\frac{23}{3}, -\frac{2}{3})$．よって
$$Z_4 = \frac{23}{3} - j\frac{2}{3}$$

(2) Z_4 の実数部は抵抗値を表す．また，虚数部がマイナスであるので，これはコンデンサを直列に接続していると考えられる．
$$\frac{1}{\omega C} = \frac{2}{3} \qquad ②$$
$\omega = 100$ を代入して，コンデンサの値は
$$C = \frac{3}{200}$$
となる．よって，Z_4 は抵抗 $R = \frac{23}{3}$ とコンデンサ $C = \frac{3}{200}$ を直列接続したものである．　■

4.3節の関連問題

☐ **4.3**　図4.21において Z_1 が $10\,\Omega$ の抵抗と $L=10$ [mH] のコイルの直列回路，$Z_2 = 6\,[\Omega]$ の抵抗，Z_3 が $2\,\Omega$ の抵抗と C [F] のコンデンサの直列回路，$Z_4 = 4\,[\Omega]$ とする．このブリッジ回路が平衡であるための条件を求めよ．

4.4 共振回路

先に学んだように,コイルやコンデンサは電源の周波数によってインピーダンスが変化する.さらに,コイルやコンデンサが組み合わされた回路においては,電源周波数により回路の性質が誘導性,容量性などに変化する.また,L と C の作用が打ち消しあう**共振**とよばれる特殊な状態も存在する.

4.4.1 直列共振(R-L-C 直列回路)

図 4.22 のように,交流電源に抵抗 R とコイル L とコンデンサ C を直列接続した回路がある.ただし,電源電流 $i = I_\mathrm{m} \sin \omega t$ とする.各素子に加わる電圧,およびそのフェーザ表示は

$$v_R = R I_\mathrm{m} \sin \omega t \tag{4.18}$$

$$v_L = \omega L I_\mathrm{m} \sin \left(\omega t + \tfrac{\pi}{2}\right) \tag{4.19}$$

$$v_C = \tfrac{I_\mathrm{m}}{\omega C} \sin \left(\omega t - \tfrac{\pi}{2}\right) \tag{4.20}$$

$$\dot{V}_R = RI \angle 0$$

$$\dot{V}_L = \omega L I \angle \tfrac{\pi}{2}$$

$$\dot{V}_C = \tfrac{1}{\omega C} I \angle \left(-\tfrac{\pi}{2}\right)$$

したがって,回路全体に加わる電圧 $\dot{V}$ は

$$\dot{V} = \dot{V}_R + \dot{V}_L + \dot{V}_C = ZI \angle \theta \tag{4.21}$$

となる.Z と θ は

$$Z = \sqrt{R^2 + \left(\omega L - \tfrac{1}{\omega C}\right)^2}$$

$$\theta = \tan^{-1} \tfrac{\omega L - \tfrac{1}{\omega C}}{R}$$

図 4.23 に電圧と電流の関係を,図 4.24 にフェーザ表示を示す.

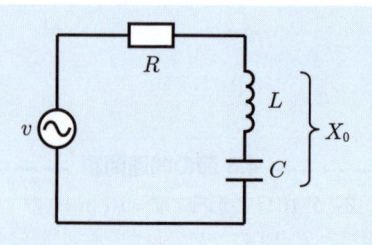

図 4.22 R-L-C 直列回路

4.4 共振回路

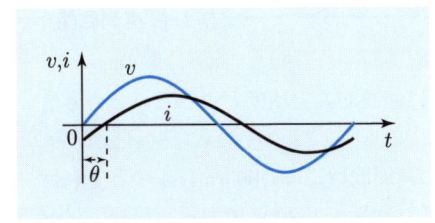

図4.23 R-L-C 直列回路の電圧と電流の関係

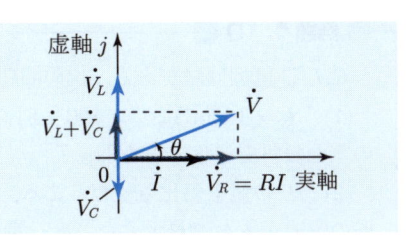

図4.24 R-L-C 直列回路の電圧と電流のフェーザ表示

Z を複素数表示すると

$$\dot{Z} = R + j\left(\omega L - \frac{1}{\omega C}\right) = R + j(X_L - X_C) = R + jX_0 \quad (4.22)$$

$X_0 = X_L - X_C$ は**合成リアクタンス**で ω の関数である．回路全体のリアクタンスで，その符号によって回路の性質が異なる．$X_0 = 0$ になる状態を**共振状態**とよぶ．

- $X_0 > 0$　リアクタンスは**誘導性負荷**　（インダクタンスと同じ）
- $X_0 = 0$　回路は抵抗負荷のみ　　　　　（**直列共振**）
- $X_0 < 0$　リアクタンスは**容量性負荷**　（キャパシタンスと同じ）

ここで，X_0 がゼロになる電源周波数 f_0（角周波数 ω_0）を**共振周波数**とよぶ．このとき，$X_L = X_C$ であるので

$$\omega_0 L = \frac{1}{\omega_0 C}$$
$$\omega_0^2 = \frac{1}{LC}$$
$$\omega_0 = 2\pi f_0 = \frac{1}{\sqrt{LC}} \quad (4.23)$$

直列共振回路のインピーダンスは電源周波数が変化すると大きさ，および位相角が図4.25, 4.26のように変化する．共振状態では Z のインピーダンスが R のみとなる，つまり最小となるので，このとき回路に流れる電流は最大となる．

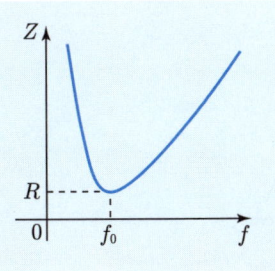

図4.25 Z の大きさの周波数特性

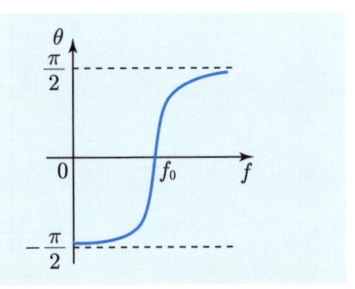

図4.26 Z の位相角の周波数特性

■ 例題4.10 ■ ─────────────────────────── R-L-C 直列回路

R-L-C 直列回路がある．次の問に答えよ．

(1) $L = 10\,[\text{mH}], C = 100\,[\mu\text{F}]$ のときに回路が共振状態となった．このときの電源の角周波数を求めよ．

(2) L の値を変化させたところ，電源の角周波数 $\omega = 100\,[\text{rad/s}]$ のときに回路の電流が 5 A で最大となった．電源電圧の大きさが 20 V であった場合，インダクタンス L の値と抵抗 R の値を求めよ．

【解答】 (1)
$$\omega_0 = \frac{1}{\sqrt{LC}} = \frac{1}{\sqrt{10\times 10^{-3}\cdot 100\times 10^{-6}}}$$
$$= 1000\,[\text{rad/s}]$$

(2) 電源の角周波数 $\omega = 100\,[\text{rad/s}]$ のときに回路の電流が 5 A で最大，つまり共振状態になる．$L = \frac{1}{\omega^2 C} = 1\,[\text{H}]$ となる．共振時は L と C のインピーダンスは最小であるので，$R = \frac{V}{I} = 4\,[\Omega]$ となる． ■

4.4.2 直列共振における電流と Q 値

図 4.27 に回路に流れる電流の大きさの周波数特性を示す（**共振曲線**）．この共振曲線の鋭さを表す指標を Q **値**とよび，次式で定義される．

$$Q = \frac{\omega_0 L}{R} = \frac{1}{\omega_0 C R} \tag{4.24}$$

Q 値は次のような性質を持つ．

(1) 抵抗値 R が大きいほど共振曲線はなだらかになり，R が小さいほど鋭くなる．

(2) 共振時のリアクタンス $X_{L0} = X_{C0}$ が小さいほど共振曲線はなだらかになり，大きいほど鋭くなる．

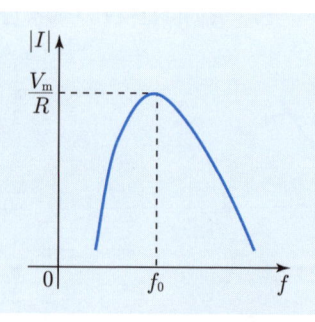

図 4.27 電流の周波数特性

4.4 共振回路

Q 値は L, C に加わる電圧と R に加わる電圧の比でも表せる.

$$\frac{|V_L|}{|V_R|} = \frac{\omega_0 L}{R} = \frac{1}{\omega_0 CR} = \frac{|V_C|}{|V_R|} = Q \tag{4.25}$$

共振曲線を測定し，そのグラフから Q 値を近似的に求めることもできる．共振時の電流 I_0 に対してその $\frac{1}{\sqrt{2}}$ の値になる周波数をそれぞれ f_1, f_2 とすると $Q = \frac{f_0}{f_2 - f_1}$ で求めることができる．

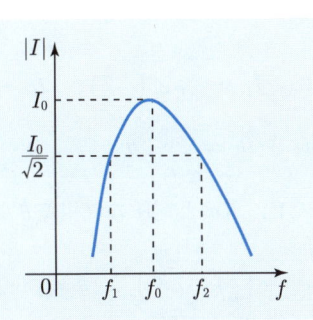

図4.28 Q の求め方

例題4.11 ─── 直列共振回路における Q 値の求め方

R-L-C の直列共振回路がある．電源の角周波数 $\omega = 2000\,[\text{rad/s}]$ で共振状態となった．抵抗 $R = 10\,[\Omega]$，インダクタンス $L = 25\,[\text{mH}]$ のとき，次の値を求めよ．
(1) C の値　　(2) Q 値

【解答】 (1) $\omega_0 = \frac{1}{\sqrt{LC}}$ より

$$C = \frac{1}{2000^2 \cdot 25 \times 10^{-3}} = 1\,[\mu\text{F}]$$

(2)

$$Q = \frac{\omega_0 L}{R} = 5$$

例題4.12 ─── 電流の周波数特性から Q 値を求める

ある直列共振回路があり，共振周波数 $f_0 = 2000\,[\text{Hz}]$ のとき，電流の最大値 $I_0 = 100\sqrt{2}\,[\text{A}]$ となった．電流の大きさが $100\,\text{A}$ のときの周波数 $f = 1950\,[\text{Hz}]$ と $2150\,\text{Hz}$ となったとき，この回路の Q 値を求めよ．

【解答】

$$Q = \frac{f_0}{f_2 - f_1} = \frac{2000}{200} = 10 \qquad ①$$

となる．

4.4.3 並列共振（R-L-C 並列回路）

図 4.29 のように交流電源に R, L, C が並列に接続されている．ただし，電源電流 $i = I_m \sin \omega t$ とする．

$$i_R = \frac{V_m}{R} \sin \omega t$$
$$i_L = \frac{1}{\omega L} V_m \sin(\omega t - \frac{\pi}{2}) \tag{4.26}$$
$$i_C = \omega C V_m \sin(\omega t + \frac{\pi}{2})$$

フェーザ表示は

$$\dot{I}_R = \frac{V}{R} \angle 0, \quad \dot{I}_L = \frac{V}{\omega L} \angle \left(-\frac{\pi}{2}\right), \quad \dot{I}_C = \omega C V \angle \frac{\pi}{2} \tag{4.27}$$

$$\dot{I} = \dot{I}_R + \dot{I}_L + \dot{I}_C = YV \angle \theta \tag{4.28}$$

となる．回路のアドミタンス Y，電流と電圧の位相差 θ は

$$Y = \sqrt{\frac{1}{R^2} + \left(\frac{1}{\omega L} - \omega C\right)^2}, \quad \theta = \tan^{-1} \frac{\omega C - \frac{1}{\omega L}}{\frac{1}{R}} \tag{4.29}$$

図 4.30 にフェーザ表示を示す．$\dot{Y}$ の複素数表示は

$$\dot{Y} = \frac{1}{R} + j\left(\omega C - \frac{1}{\omega L}\right) = \frac{1}{R} + j\left(\frac{1}{X_C} - \frac{1}{X_L}\right)$$
$$= \frac{1}{R} + j\frac{X_0}{X_L X_C} \tag{4.30}$$

R-L-C 直列回路と同様に X_0 の正負によって，アドミタンス Y の性質が変わる．$X_0 = 0$，つまり $X_L = X_C$ のとき，虚数部がゼロとなる（並列共振）．

$X_0 < 0$　アドミタンスは**誘導性負荷**

$X_0 = 0$　回路は抵抗負荷のみ（**並列共振**）

$X_0 > 0$　アドミタンスは**容量性負荷**

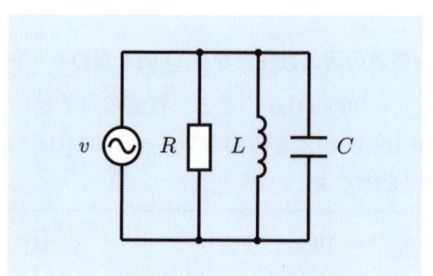

図 4.29　R-L-C 並列回路

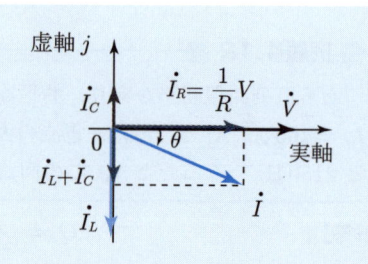

図 4.30　R-L-C 並列回路のフェーザ表示

4.4 共 振 回 路

並列共振時は虚数部がゼロとなり,アドミタンスが最小となる.ここで

$$\dot{I} = \dot{Y}\dot{V} \tag{4.31}$$

であるので,電圧が一定であると,電流が最小値 $i_{\min} = \frac{v}{R}$ をとることになる.並列共振の条件は $X_L = X_C$ であるので,$\omega_0 L = \frac{1}{\omega_0 C}$ から

$$\omega_0 = 2\pi f_0 = \frac{1}{\sqrt{LC}} \tag{4.32}$$

回路のアドミタンス Y の周波数特性は図4.31(大きさ),図4.32(位相角)のようになる.電源周波数が共振周波数であるとき,合成サセプタンス $Y_0 = 0$ となるので,Y の大きさは最小となり,抵抗値の逆数 $\frac{1}{R}$ と一致する.つまり,インピーダンスが最大となるので,回路に流れる電流が最小となる.また,位相角 $\theta = 0$ となり,回路の電圧と電流の位相が一致する.

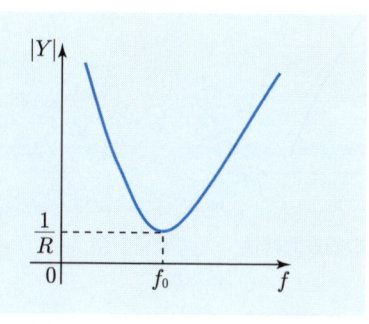

図4.31 Y の大きさの周波数特性

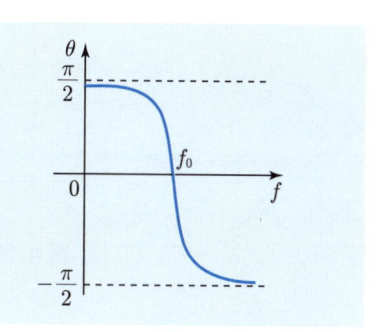

図4.32 Y の位相角の周波数特性

■ 例題4.13 ■ ─────────────────── R-L-C 並列回路

R-L-C 並列回路がある.次の問に答えよ.

(1) $L = 2\,[\text{mH}]$,$C = 80\,[\mu\text{F}]$ のときに回路が共振状態となった.このときの電源の角周波数を求めよ.

(2) C の値を変化させたところ,電源の角周波数 $\omega = 5000\,[\text{rad/s}]$ のときに回路の電流が 2 A で最小となった.電源電圧の大きさが 12 V であった場合,C および R の値を求めよ.

【解答】 (1) $\omega_0 = \frac{1}{\sqrt{LC}} = \frac{1}{\sqrt{2 \times 10^{-3} \cdot 80 \times 10^{-6}}} = 40000\,[\text{rad/s}]$

(2) 電源の角周波数 $\omega = 2500\,[\text{rad/s}]$ のときに回路の電流が 2 A で最小,つまり共振状態になる.このとき,$C = \frac{1}{\omega^2 L} = 20\,[\mu\text{F}]$ となる.共振時は回路のアドミタンス $Y = \frac{1}{R}$ であるので,$VY = I$ より $12\frac{1}{R} = 2$.したがって,$R = 6\,[\Omega]$ となる.■

4.4.4 並列共振における電流と Q 値

直列共振と同様に，並列共振においても共振曲線がある．ただし，並列共振は図4.33に示すように電圧の共振曲線である．Q 値は次式で定義される．

$$Q = \frac{1}{\frac{\omega_0 L}{R}} = \frac{1}{\frac{1}{\omega_0 CR}} = \frac{R}{\omega_0 L} = \omega_0 CR \tag{4.33}$$

Q 値は L, C に流れる電流と R に加わる電流の比でも表せる．

$$\frac{|I_L|}{|I_R|} = \frac{1}{\frac{\omega_0 L}{R}} = \frac{1}{\frac{1}{\omega_0 CR}}$$
$$= \frac{|I_C|}{|I_R|} = Q \tag{4.34}$$

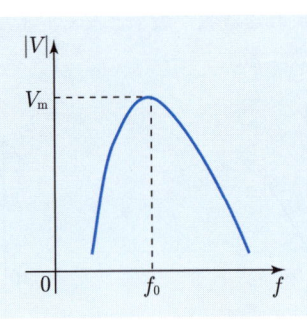

図4.33 電圧の周波数特性

■ 例題4.14 ■ ─────────── 並列共振回路における Q 値の求め方 ─

R-L-C の並列共振回路がある．電源の角周波数 $\omega = 1000\,[\text{rad/s}]$ で，共振状態となった．抵抗 $R = 15\,[\Omega]$，キャパシタンス $C = 4\,[\text{mF}]$ のとき，次の値を求めよ．

(1) L の値　　(2) Q 値

【解答】 (1) $\omega_0 = \frac{1}{\sqrt{LC}}$ より

$$L = \frac{1}{1000^2 \cdot 4 \times 10^{-3}}$$
$$= 0.25\,[\text{mH}]$$

となる．

(2)
$$Q = \omega_0 CR = 60$$

となる．

4.4 共振回路

---- **4.4 節の関連問題** ----

☐ **4.4** $R = 10\,[\Omega]$ の抵抗と $L = 2\,[\text{mH}]$ のコイルと $C = 5\,[\mu\text{F}]$ のコンデンサを直列に接続した負荷（インピーダンス Z）に交流電源を接続し，電源角周波数 $\omega\,[\text{rad/s}]$ を変化させた．次の問に答えよ．
  (1) Z が誘導性になる条件を示せ．
  (2) Z が容量性になる条件を示せ．
  (3) Z の位相角がゼロになる条件を示せ．
  (4) Z の位相角がゼロのとき，それぞれの素子に加わる電圧の関係がどのようになっているか説明せよ．

☐ **4.5** R-L-C の直列共振回路がある．共振時の電源電圧が $v = 100\sin 1000t$ で $Q = 20$ であった．次の問に答えよ．
  (1) 共振時に R に加わる電圧の大きさを求めよ．
  (2) 共振時に L および C に加わる電圧の大きさを求めよ．

☐ **4.6** $R = 20\,[\Omega]$ の抵抗と $L = 2.5\,[\text{mH}]$ のコイルと $C = 0.4\,[\text{mF}]$ のコンデンサを並列接続した負荷（アドミタンス Y）に交流電源を接続し，電源角周波数 $\omega\,[\text{rad/s}]$ を変化させた．次の問に答えよ．
  (1) Y が誘導性になる条件を示せ．
  (2) Y が容量性になる条件を示せ．
  (3) Y の位相角がゼロになる条件を示せ．
  (4) Y の位相角がゼロのとき，それぞれの素子に流れる電流の関係がどのようになっているか説明せよ．

☐ **4.7** R-L-C の並列共振回路がある．共振時の電源の電流が $i = 10\sin 2000t$ で $Q = 20$ であった．次の問に答えよ．
  (1) 共振時に R に加わる電流の大きさを求めよ．
  (2) 共振時に L および C に流れる電流の大きさを求めよ．

4章の問題

☐ **1** 回路にある接点 P に 3 本の線が接続されている．2 本の線から接点に流れ込んでいる電流が $I_1 = 6 + j2, I_2 = 3 - j3$ のとき，もう 1 本の線の電流 I_3 はどのように流れているか示せ．

☐ **2** 下図のような回路がある．電源 $\dot{V}_1 = 10 + j5, \dot{V}_2 = 5 + j2$ で，電流 $\dot{I}_1 = 2 - j3, \dot{I}_3 = 3 + j3$，負荷 $\dot{Z}_1 = 4, \dot{Z}_2 = 3 - j4, \dot{Z}_3 = 4 + j4$ であるとする．電流 $\dot{I}_2$ を求めよ．

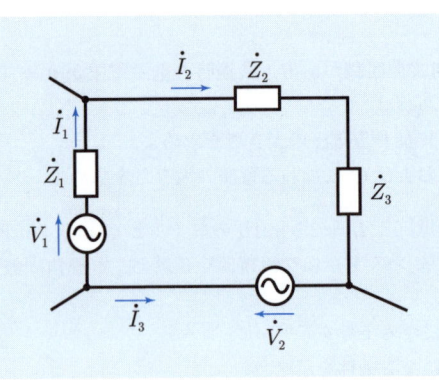

☐ **3** 下図のような回路がある．次の問に答えよ．なお，複素数表示を用いて答えること．
 (1) 抵抗に流れる電流を求めよ．
 (2) コイルとコンデンサの直列部に流れる電流を求めよ．
 (3) コンデンサの値を変化させて，コイルとコンデンサの合成インピーダンスがゼロになるようにした．このときのコンデンサの値を求めよ．また，回路に流れる電流がどのようになるか説明せよ．

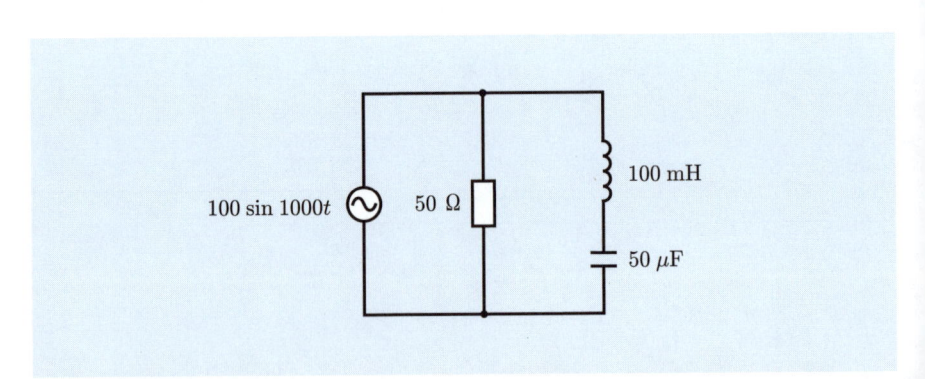

☐ **4** 下図のような回路がある．電源の角周波数は $\omega = 200\,[\text{rad/s}]$ とする．次の問に答えよ．なお，複素数表示を用いて答えること．
(1) 抵抗に流れる電流が 2 A であった．コンデンサに流れる電流を求めよ．
(2) コイルに流れる電流を求めよ．
(3) 回路のインピーダンスを求めよ．また，電源電圧 V を求めよ．

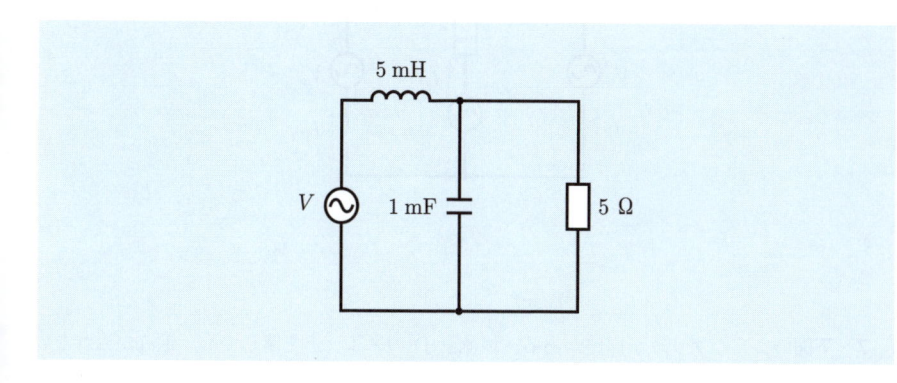

☐ **5** 下図のような回路がある．電源の角周波数は $\omega = 100\,[\text{rad/s}]$ とする．次の問に答えよ．なお，複素数表示を用いて答えること．
(1) キルヒホフの法則を用いて電圧に関する方程式を 2 つ立てよ．ただし，I_1, I_2 を図のように設定せよ．
(2) 電圧方程式を解き，電流を求めよ．

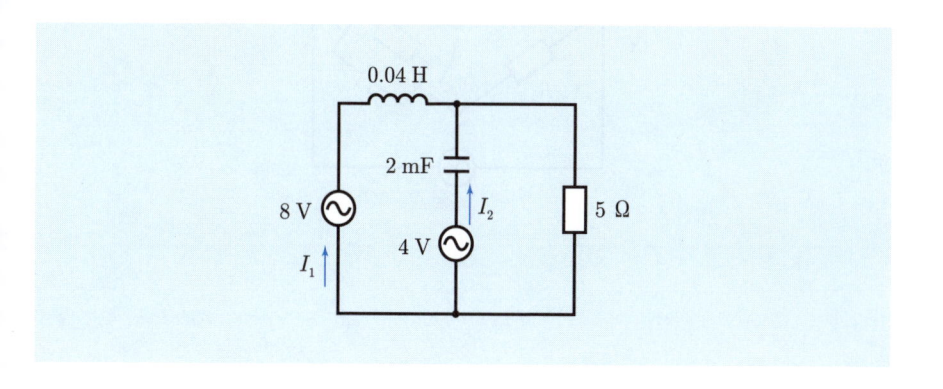

☐ **6** 下図のような回路がある．電流 I_1 から I_3 までを V と Z を用いて示せ．

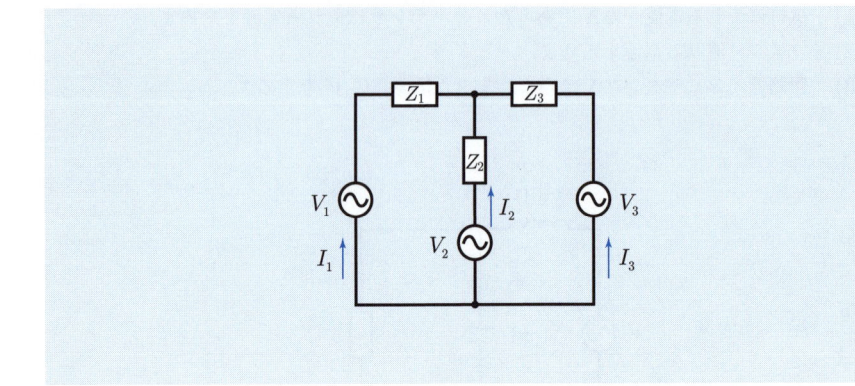

☐ **7** 下図のようなブリッジ回路がある．検流計 D のスイッチを閉じても，電流が流れないための条件を示せ．ただし，電源の角周波数を ω とする．

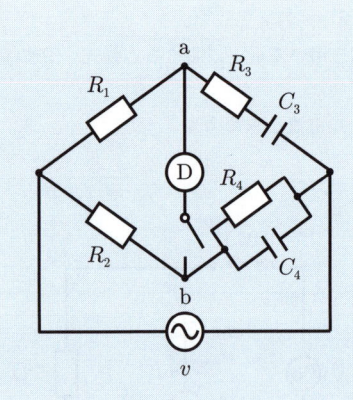

4章の問題

☐ 8 下図のような回路がある．電源の角周波数を ω とする．次の問に答えよ．
(1) 回路のインピーダンスを求めよ．
(2) 電源周波数が変化しても回路のインピーダンスが変化しない条件を求めよ．

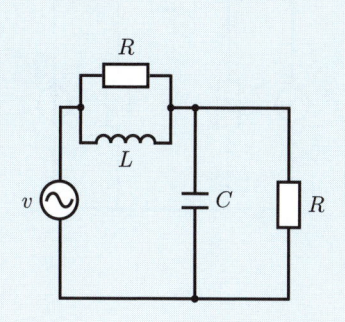

☐ 9 下図のような回路がある．ただし，電源の最大値は V，角周波数は ω で，この回路で共振状態は起こらないとする．次の問に答えよ．
(1) 回路に流れる電流 I を求めよ．
(2) 抵抗で消費される電力 P を求めよ．
(3) 抵抗 R で消費される電力が最大になる R を求め，そのときの P の値を求めよ．

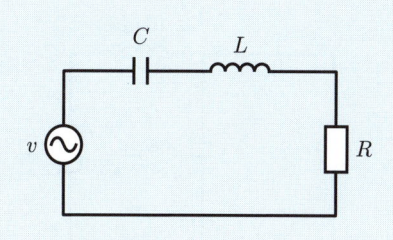

☐ **10** 下図のような回路がある．重ね合わせの理，およびキルヒホフの法則を用いて Z_3 に発生する電圧を求めよ．

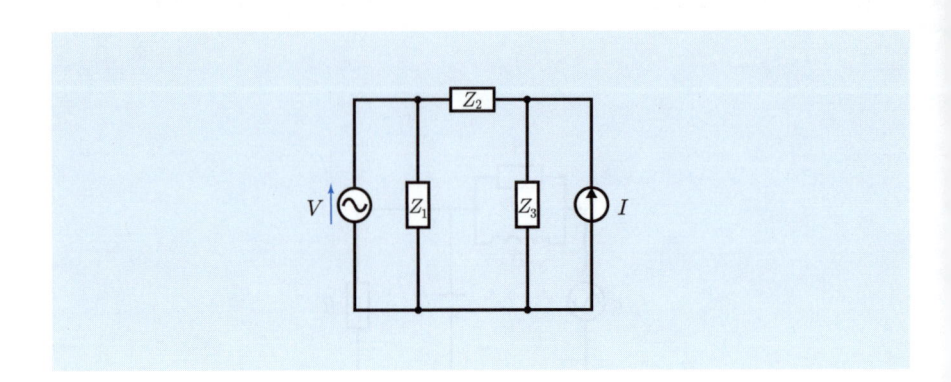

☐ **11** $R = 3\,[\Omega]$ の抵抗と可変インダクタンス L のコイル，$C = 2\,[\mathrm{mF}]$ のコンデンサが直列接続されている．この回路に $v = 20\sin 100t\,[\mathrm{V}]$ の電源を接続した．次の問に答えよ．

(1) ある L のとき，回路に流れる電流の大きさが $4\,\mathrm{A}$ となった．このときの L の値，また回路の力率を求めよ．ただし電流は電圧に対して遅れている．

(2) ある L のとき，コイルに流れる電流が最大となった．このときの L の値，回路に流れる電流，回路の力率を求めよ．

(3) この回路の Q 値を求めよ．

☐ **12** 下図のような回路がある．この回路が共振状態にあるときの電源の角周波数を求めよ．

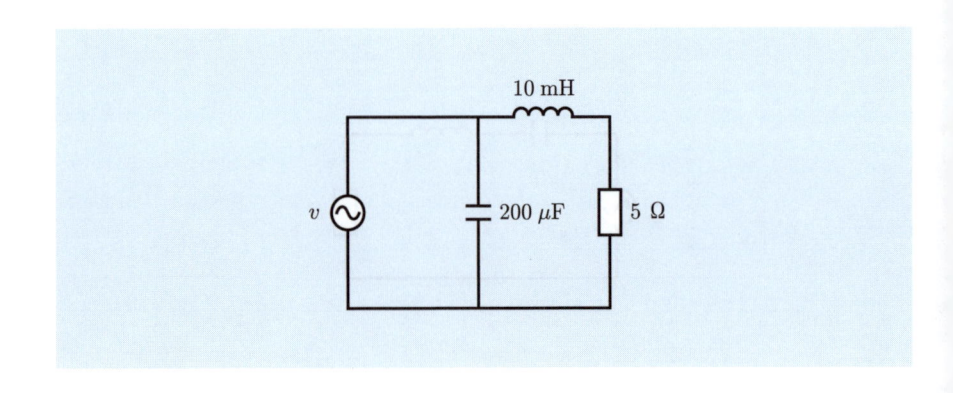

第5章

交流電力

　直流の場合は電圧と電流に位相差がないため,電力の符号は一定,かつスカラー量で表現される.しかし,交流の場合はベクトル量になる.そして,電圧と電流に位相差がある場合は,さらに注意が必要である.正弦波交流の場合,位相が同じであれば電圧と電流の積の符号は常に一定であるが,位相がずれると積の符号が入れ替わる,つまり,電力が正になるときと負になるときが発生する.本章では,交流電力の種類や性質を演習を通じて学ぶ.

5.1 瞬時電力

ある負荷に電圧 v が加わっており，流れている電流を i とすると負荷で消費される**瞬時電力** p は

$$p = vi \tag{5.1}$$

で表される．交流では，電圧と電流の積である電力の正負が時間とともに変化する．

■ 例題5.1 ■ 　　　　　　　　　　　　　　　　　　　　　　　　　　　瞬時電力

交流電源
$$v = 100 \sin 60t$$
にある負荷を接続したところ
$$i = 5 \sin\left(60t - \tfrac{\pi}{3}\right)$$
の電流が流れた．負荷で発生する瞬時電力 p を求めよ．

【解答】　瞬時電力は

$$\begin{aligned} p &= vi \\ &= 500 \sin 60t \, \sin\left(60t - \tfrac{\pi}{3}\right) \end{aligned} \quad ①$$

となる．■

5.1 節の関連問題

□ **5.1** 交流電源 $v = 100 \sin 50t$ にある負荷を接続したところ，発生した瞬時電力は
$$p = 200 \sin 100t$$
となった．電流 i を求めよ．

5.2 有効電力

交流電源 $v = V_\mathrm{m} \sin \omega t$ に抵抗負荷 R を接続した場合，電流は

$$i = \frac{V_\mathrm{m}}{R} \sin \omega t$$

となる．よって，電力は

$$\begin{aligned} p_R &= vi \\ &= \frac{V_\mathrm{m}^2}{R} \sin^2 \omega t \\ &= \frac{V_\mathrm{m}^2}{R} \frac{1 - \cos 2\omega t}{2} \end{aligned} \tag{5.2}$$

となる．これを**有効電力**（単位：W（ワット））とよぶ．電圧，電流，電力の関係を**図5.1**に示す．

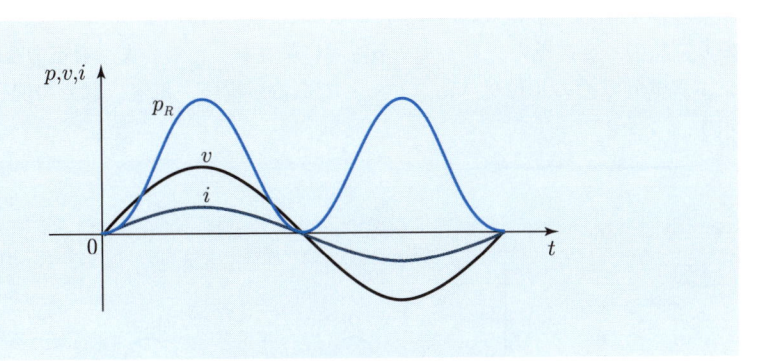

図5.1 抵抗負荷の場合の電圧，電流，電力

例題5.2 ────────── 有効電力

交流電源 $v = 100 \sin 60t$ に $R = 20\,[\Omega]$ の抵抗を接続した．抵抗に発生する電力の瞬時値を求めよ．

【解答】 電流は

$$i = \frac{100}{20} \sin 60t \qquad \text{①}$$

電力は

$$\begin{aligned} p_R &= vi \\ &= \frac{100^2}{20} \sin^2 60t \\ &= 500(1 - \cos 120t) \end{aligned} \qquad \text{②}$$

$p_R \geq 0$ であるので，有効電力である．

5.3 無効電力

負荷が誘導性負荷であるインダクタンス L [H] のコイルの場合，電流は

$$i = -\frac{V_m}{\omega L}\cos\omega t$$

となる．よって，瞬時電力は

$$\begin{aligned}p_L &= vi \\ &= -\frac{V_m^2}{\omega L}\sin\omega t\cos\omega t \\ &= -\frac{V_m^2}{2\omega L}\sin 2\omega t\end{aligned} \tag{5.3}$$

となる．

　電力は正と負の値を交互にとる．正のときには電力が電源からコイルに投入されており，負のときは電力がコイルから電源に戻される．このような電力を，**無効電力**とよぶ．無効電力の単位は Var（バー）である．電圧，電流，電力の関係を図5.2に示す．

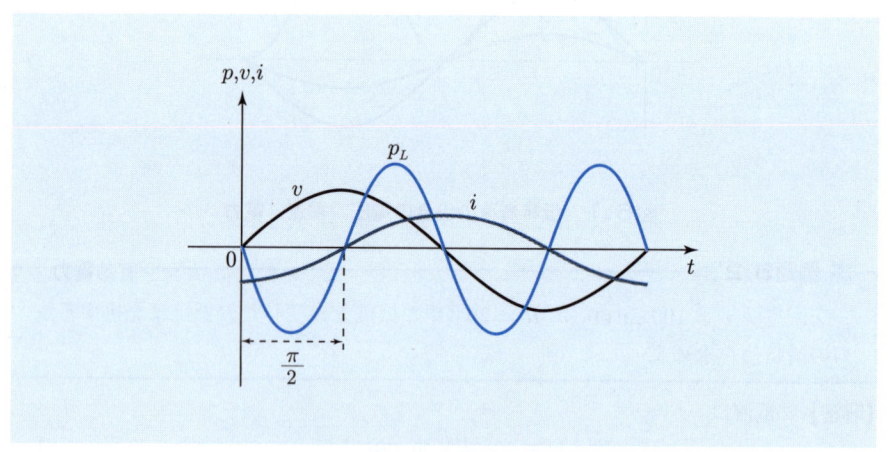

図5.2　誘導性負荷の場合の電圧，電流，電力

5.3 無効電力

例題5.3 — 容量性負荷を接続した場合の電力

キャパシタンス $C\,[\mathrm{F}]$ のコンデンサに，交流電源 $v = V_\mathrm{m}\sin\omega t$ を接続した場合の電力を求めよ．

【解答】 コンデンサに流れる電流は

$$i = V_\mathrm{m}\omega C \cos\omega t$$

となる．よって，瞬時電力は

$$\begin{aligned}p_C &= vi \\ &= V_\mathrm{m}^2\omega C \sin\omega t \cos\omega t \\ &= \frac{V_\mathrm{m}^2\omega C}{2}\sin 2\omega t \quad\quad ①\end{aligned}$$

となる．

電圧，電流，電力の関係を図5.3に示す．コンデンサに流れる電流の位相は電圧に対して $\frac{\pi}{2}$ 進むので，誘導性負荷の場合と比べると電力の位相は π ずれているが，エネルギーが出入りしているだけなので無効電力である．

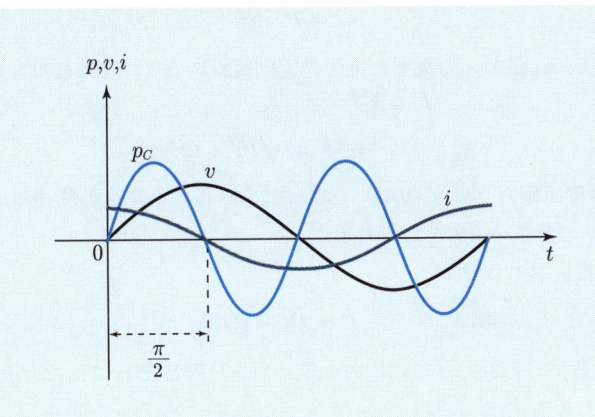

図5.3 容量性負荷の場合の電圧，電流，電力

5.4 力率, 皮相電力

一般的な回路は負荷 Z として, 抵抗, コイル, コンデンサが組み合わされて構成されている. よって, 抵抗成分にあたる有効電力とリアクタンス成分による無効電力成分の両方が含まれる.

電源電圧を $v = V_\mathrm{m} \sin \omega t$ とすると電流は $i = I_\mathrm{m} \sin(\omega t - \theta)$ （ただし, $I_\mathrm{m} = \frac{V_\mathrm{m}}{Z}$）であるので, 瞬時電力は

$$\begin{aligned}
p = vi &= V_\mathrm{m} I_\mathrm{m} \sin \omega t \, \sin(\omega t - \theta) \\
&= -\tfrac{V_\mathrm{m} I_\mathrm{m}}{2}\{\cos(2\omega t - \theta) - \cos\theta\} \\
&= \tfrac{V_\mathrm{m} I_\mathrm{m}}{2}(1 - \cos 2\omega t)\cos\theta - \tfrac{V_\mathrm{m} I_\mathrm{m}}{2}\sin 2\omega t \sin\theta \\
&= p_\mathrm{a} + q
\end{aligned} \tag{5.4}$$

$p_\mathrm{a} = \frac{V_\mathrm{m} I_\mathrm{m}}{2}(1 - \cos 2\omega t)$ は有効電力の瞬時値, $q = \frac{V_\mathrm{m} I_\mathrm{m}}{2}\sin 2\omega t \sin\theta$ は無効電力の瞬時値となる. 図5.4に瞬時電力を示す.

p_a の実効値 P_a [W], q の実効値 Q [Var] は

$$\begin{aligned} P_\mathrm{a} &= P \cos\theta \\ Q &= P \sin\theta \end{aligned} \tag{5.5}$$

となる. ここで, 回路の入力電圧と電流の実効値（V と I）を乗じたものは

$$P = VI$$
$$= \tfrac{V_\mathrm{m}}{\sqrt{2}} \tfrac{I_\mathrm{m}}{\sqrt{2}} = \sqrt{P_\mathrm{a}^2 + Q^2} \tag{5.6}$$

この電力 P は**皮相電力**（単位 [VA]）とよばれる. 電圧と電流の位相差 θ を**力率角**とよぶ. また, θ の余弦 $\cos\theta$ を**力率**とよぶ.

電力を複素数表示すると

$$P = P_\mathrm{a} + jQ \tag{5.7}$$

となる. 図5.5に有効電力と無効電力の瞬時値を, 図5.6にフェーザ表示を示す.

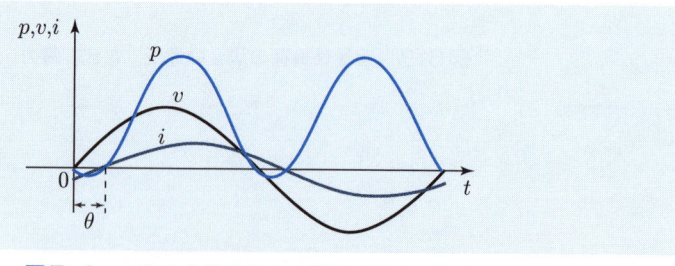

図5.4　一般の負荷の場合の電圧, 電流, 電力

5.4 力率，皮相電力

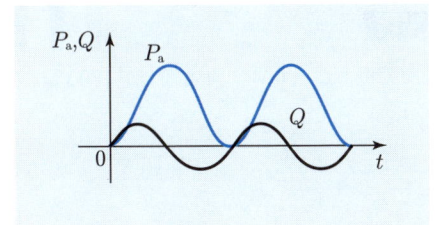

図5.5 有効電力と無効電力の関係

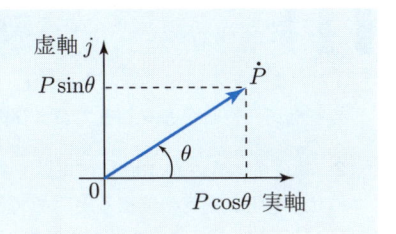

図5.6 電力のフェーザ表示

■ 例題5.4 ■ ────────────── 有効電力と無効電力 ─

ある回路で消費される皮相電力が 100 VA であるとする．この回路の力率角が $\frac{\pi}{4}$ であるとき，有効電力と無効電力を求めよ．

【解答】 有効電力は

$$P\cos\theta = 100\cos\frac{\pi}{4}$$
$$= 50\sqrt{2}\,[\mathrm{W}]$$

無効電力は

$$P\sin\theta = 100\sin\frac{\pi}{4}$$
$$= 50\sqrt{2}\,[\mathrm{Var}]$$

■ 例題5.5 ■ ────────── 有効電力と無効電力と力率の関係 ─

ある回路で消費される皮相電力が 150 VA であった．この回路で消費される有効電力が 75 W のとき，この回路の力率および力率角を求めよ．

【解答】 力率角を θ とする．有効電力は

$$P_\mathrm{a} = P\cos\theta$$
$$= 150\cos\theta = 75$$

力率は

$$\cos\theta = \frac{75}{150} = \frac{1}{2}$$

となる．これより力率角は $\frac{\pi}{3}$ となる．

─────────── **5.4 節の関連問題** ───────────

☐ **5.2** R-L 直列回路がある．抵抗 $R = \sqrt{3}\,[\Omega]$，コイル $L = 1\,[\mathrm{mH}]$ とする．電源電圧 $v = 100\sin 1000t$ のとき，この回路の皮相電力，有効電力，無効電力，力率を求めよ．

5章の問題

☐ **1** いま,ある回路に電源を接続し,発生した有効電力が 200 W,無効電力が 150 Var であった.この回路の皮相電力および力率を求めよ.

☐ **2** 電圧の大きさが 100 V の電源をある回路に接続したところ,大きさが 10 A の電流が流れた.電圧と電流の位相差が $\frac{\pi}{6}$(電流が遅れている)として,次の問に答えよ.
(1) インピーダンスの複素数表示を示せ.また,その大きさを求めよ.
(2) 有効電力と無効電力を求めよ.

☐ **3** ある回路に電圧 V を加えたところ,I の電流が流れた.V の複素数表示が $V = 100+j10$,I の複素数表示が $I = 15 - j5$ であるとき,次の問に答えよ.
(1) インピーダンスの複素数表示を示せ.
(2) 有効電力と無効電力を求めよ.

☐ **4** ある負荷に電圧 $V = 200$ [V] を加えたところ,電流 $I = 10$ [A] が流れた.負荷の力率が 0.8 として,次の問に答えよ.
(1) 負荷に発生する有効電力および無効電力を求めよ.
(2) 皮相電力を求めよ.

☐ **5** いま,電圧 $V = 120$ [V] の電圧がある.この電圧に $R = 15$ [Ω] を接続した.次の問に答えよ.
(1) 負荷に発生する有効電力および無効電力,皮相電力を求めよ.
(2) 負荷にインダクタンス L を加えたところ,負荷の力率が 0.6 となった.インダクタンスの大きさを求めよ.ただし,電源の角周波数は 80 rad/s とする.
(3) インダクタンスを加えた負荷に発生する有効電力および無効電力,皮相電力を求めよ.

第6章

過渡現象

　コイルやコンデンサを用いた回路においては，スイッチ ON や OFF の直後など定常状態になるまで回路状態が変化する．この回路の状態が定常状態になるまでの現象を**過渡現象**とよぶ．過渡現象は微分方程式で表された電圧方程式を解くことにより求められるので，電圧方程式が分かれば，数学により微分方程式を解くという手順になる．本章では微分方程式を解いて回路の特性を求める手法を学ぶ．

6.1 L を含む回路の過渡現象

図6.1のように直流電源にスイッチを通して R と L が直列に接続されている.$t=0$ において回路のスイッチを ON にする.それ以前は電源と R, L は接続されていない.つまり,初期値はゼロである.この回路の電圧方程式は

$$L\frac{di}{dt} + Ri = V \tag{6.1}$$

1階微分方程式 (6.1) を解く.右辺 = 0 としたときの解である**余関数** $i_c(t)$ を求める.

$$L\frac{di}{dt} + Ri = 0 \tag{6.2}$$

この微分方程式の解は微分しても関数の形が変わらないことが予想されるので,i に e^{st} を代入する.

$$sLe^{st} + Re^{st} = 0 \tag{6.3}$$

この式の**特性方程式**は

$$sL + R = 0 \tag{6.4}$$

したがって

$$s = -\frac{R}{L} \tag{6.5}$$

となり,余関数 $i_c(t)$ は k を任意の定数として

$$i_c = ke^{-(R/L)t} \tag{6.6}$$

と求めることができる.ここで右辺 = V である,もとの式 (6.1) の特解を求める.いま,電源電圧 V が直流であるので**特解**を

$$i_p = A$$

とおく.A は定数である.式 (6.1) に代入して

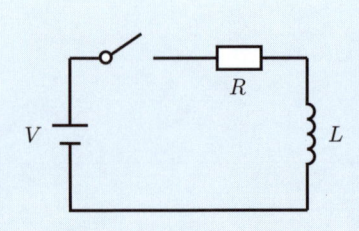

図6.1 スイッチを伴う R-L 直列回路

6.1 L を含む回路の過渡現象

$$L\frac{d}{dt}A + RA = V$$
$$A = \frac{V}{R} \tag{6.7}$$

よって，**一般解**は

$$i = i_c + i_p$$
$$= ke^{-(R/L)t} + \frac{V}{R} \tag{6.8}$$

となる．

次に，任意の定数 k を回路の初期値から求めることができる．スイッチを入れる瞬間 ($t = 0$) において

$$i(0) = 0$$

である．よって

$$i(0) = ke^{-(R/L)0} + \frac{V}{R} = 0$$
$$k = -\frac{V}{R} \tag{6.9}$$

となる．最終的な解は

$$i = -\frac{V}{R}e^{-(R/L)t} + \frac{V}{R}$$
$$= \frac{V}{R}\left\{1 - e^{-(R/L)t}\right\} \tag{6.10}$$

となる．

物理的に，ある値が e^{-1} 倍になるまでにかかる時間を**時定数**とよぶ．式 (6.10) の第 2 項の指数関数の指数部分は $-\frac{R}{L}t$ であるので，時定数 τ は

$$-\frac{R}{L}\tau = -1$$
$$\tau = \frac{L}{R} \tag{6.11}$$

で表される．

■ 例題6.1 ■　　　　　　　　　　　　　　　　R-L 直列回路の過渡現象

図6.1の R-L 直列回路において $V=10\,[\text{V}], R=5\,[\Omega], L=10\,[\text{mH}]$ とする．回路に流れる電流の式を求めよ．得られた電流の式のグラフの概形を描け．また，回路の時定数を求めよ．

【解答】　電圧方程式は

$$L\frac{di}{dt} + Ri = 0 \qquad ①$$

先の手順に従って一般解を求めると

$$i = ke^{-(R/L)t} + \frac{V}{R}$$
$$= ke^{-(5/0.01)t} + \frac{10}{5}$$
$$= ke^{-500t} + 2 \qquad ②$$

電流初期値 $i(0) = 0$ であるので

$$k + 2 = 0 \qquad ③$$

より，$k = -2$．したがって

$$i = -2e^{-500t} + 2 \qquad ④$$

グラフの概形は図6.2となる．時定数は

$$\tau = \frac{0.01}{5}$$
$$= 0.002 \qquad ⑤$$

で与えられる．

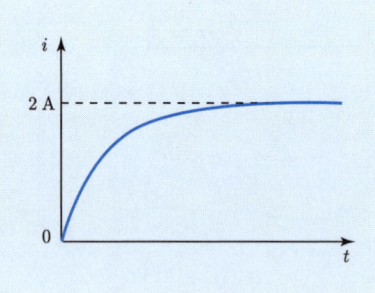

図6.2　R-L 直列回路に流れる電流

6.2　C を含む回路の過渡現象

図6.3のように直流電源にスイッチを通して抵抗 R とコンデンサ C が直列に接続されている．$t=0$ において回路のスイッチを ON にする．それ以前は電源と R,C は接続されていない．つまり初期値はゼロである．この回路の電圧方程式は

$$Ri + \frac{1}{C}\int_0^t i\,dt = V \tag{6.12}$$

積分が含まれているため，微分方程式の形に変形する．式 (6.12) の両辺を t で微分すると，1 階微分方程式の形になり，L を含む回路と同様に扱うことができる．

$$R\frac{di}{dt} + \frac{1}{C}i = 0 \tag{6.13}$$

式 (6.13) の余関数 i_c として，i に e^{st} を代入する．

$$sRe^{st} + \frac{1}{C}e^{st} = 0 \tag{6.14}$$

この式の特性方程式は次のようになる．

$$sR + \frac{1}{C} = 0$$

$$s = -\frac{1}{CR} \tag{6.15}$$

余関数 $i_c(t)$ は k を任意の定数として

$$i_c = ke^{-(1/CR)t} \tag{6.16}$$

次に，k を求める．C には $t=0$ において電荷はなく，初期電圧 $V_C(0) = 0$ である．よって，初期電流 $i(0) = \frac{V}{R}$ となる．

$$i(0) = ke^{-(1/CR)0} = \frac{V}{R}$$

$$k = \frac{V}{R} \tag{6.17}$$

式 (6.13) の右辺はゼロで，これは一般解と同じになるので $i_c(t) = i(t)$ となる．

$$i = \frac{V}{R}e^{-(1/CR)t} \tag{6.18}$$

この回路の時定数 τ は次式で表される．

$$-\frac{1}{CR}\tau = -1$$

$$\tau = CR \tag{6.19}$$

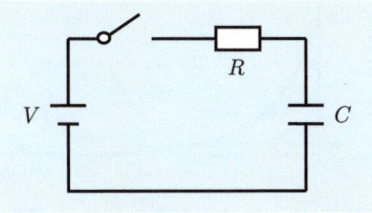

図6.3　スイッチを伴う R-C 直列回路

■例題6.2■　　　　　　　　　　　　　　　　　　R-C 直列回路の過渡現象

図6.3の R-C 直列回路において $V=8\,[\text{V}]$, $R=2\,[\Omega]$, $C=5\,[\mu\text{H}]$ とする。回路に流れる電流の式を求めよ。電流の式のグラフの概形を描け。また、回路の時定数を求めよ。

【解答】　電圧方程式は

$$Ri + \frac{1}{C}\int_0^t i\,dt = V \qquad ①$$

式①の両辺を t で微分すると、1階微分方程式の形になり、L を含む回路と同様に扱うことができる。

$$R\frac{di}{dt} + \frac{1}{C}i = 0 \qquad ②$$

右辺がゼロであるので、一般解と余関数が同じであるから、先の手順に従って一般解を求めると

$$\begin{aligned} i_c &= ke^{-(1/CR)t} \\ &= ke^{-\{1/(10\times 10^{-6})\}t} \\ &= ke^{-10^5 t} \end{aligned} \qquad ③$$

初期電圧 $V_C(0)=0$ である。よって、初期電流 $i(0)=\frac{V}{R}$ となる。

$$\begin{aligned} k &= \frac{V}{R} \\ &= \frac{8}{2} = 4 \end{aligned} \qquad ④$$

したがって

$$i = 4e^{-10^5 t} \qquad ⑤$$

グラフの概形は図6.4となる。時定数は次式で与えられる。

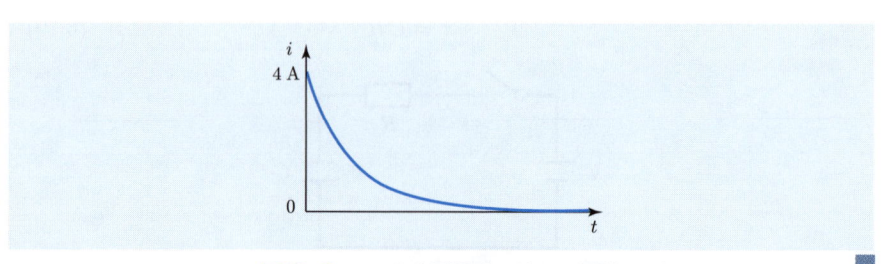

$$\begin{aligned} \tau &= CR \\ &= 10^{-5} \end{aligned} \qquad ⑥$$

図6.4　R-C 直列回路に流れる電流

6.3 回路に L と C の両方を含む場合の過渡現象

図6.5のように直流電源にスイッチを通して R と L と C が直列に接続されている．$t=0$ において回路のスイッチを ON にする．それ以前は電源と R, L, C は接続されていない．つまり，初期値はゼロである．この回路の電圧方程式は

$$L\frac{di}{dt} + Ri + \frac{1}{C}\int_0^t i\,dt = V \tag{6.20}$$

コンデンサによる積分の項が入っているので，式 (6.20) の両辺を t で微分する．

$$L\frac{d^2i}{dt^2} + R\frac{di}{dt} + \frac{1}{C}i = 0 \tag{6.21}$$

この式は2階微分方程式の形であるが，1階微分方程式と同様に解くことができる．式 (6.21) の余関数 i_c として，i に e^{st} を代入する．

$$s^2 L e^{st} + sR e^{st} + \frac{1}{C} e^{st} = 0 \tag{6.22}$$

この式の特性方程式は

$$s^2 L + sR + \frac{1}{C} = 0 \tag{6.23}$$

となる．s を求めると

$$\begin{aligned}s &= -\frac{R}{2L} \pm \sqrt{\left(\frac{R}{2L}\right)^2 - \frac{1}{LC}} \\ &= -a \pm \sqrt{D}\end{aligned} \tag{6.24}$$

ただし

$$a = \frac{R}{2L}$$
$$D = \left(\frac{R}{2L}\right)^2 - \frac{1}{LC}$$

判別式 D の符号により解の形が異なるため，場合分けを行う．

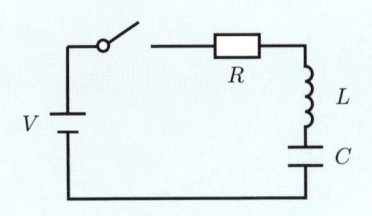

図6.5 スイッチを伴う R-L-C 直列回路

$D > 0$ の場合

s は次の異なる 2 実解を持つ．

$$s_1 = -a + \sqrt{D}$$
$$s_2 = -a - \sqrt{D} \tag{6.25}$$

一般解は k_1, k_2 を定数として

$$i = k_1 e^{s_1 t} + k_2 e^{s_2 t} \tag{6.26}$$

初期値は $i(0) = 0$ である．これを式 (6.20) に代入すると第 2 項と第 3 項はゼロになるので $\frac{di(0)}{dt} = \frac{V}{L}$ となる．式 (6.26) に $i(0) = 0$ を代入して

$$0 = k_1 + k_2$$
$$k_1 = -k_2 \tag{6.27}$$

さらに，式 (6.26) に $\frac{di(0)}{dt} = \frac{V}{L}$ を代入して

$$k_1 s_1 + k_2 s_2 = \frac{V}{L}$$
$$k_1 (s_1 - s_2) = \frac{V}{L}$$
$$k_1 = \frac{V}{2L\sqrt{D}} \tag{6.28}$$

よって，解は次のようになる．

$$\begin{aligned} i &= k_1 e^{s_1 t} + k_2 e^{s_2 t} \\ &= \frac{V}{2L\sqrt{D}} (e^{s_1 t} - e^{s_2 t}) \\ &= \frac{V}{2L\sqrt{D}} e^{-at} \left(e^{\sqrt{D}} - e^{-\sqrt{D}} \right) \\ &= \frac{V}{L\sqrt{D}} e^{-at} \sinh \sqrt{D}\, t \end{aligned} \tag{6.29}$$

図 6.6 のように，電流は一度増加し，その後指数関数に従って減衰する．この状態を **過減衰** とよぶ．

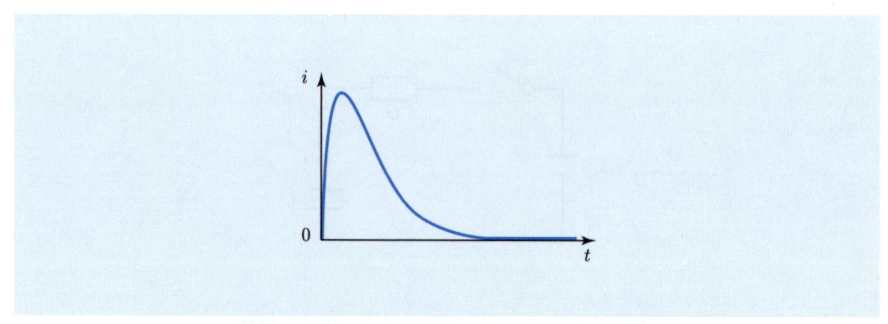

図 6.6 *R-L-C* 直列回路の電流変化（過減衰）

$D = 0$ の場合

$s = -a$ となり，重解を持つ．式 (6.21) は 2 階微分方程式なので，定数を 2 つ設定する（e^{-at} の定数（k_3）倍と te^{-at} の定数（k_4）倍）．

$$i = k_3 e^{-at} + k_4 t e^{-at} \tag{6.30}$$

初期条件

$$i(0) = 0$$

を式 (6.30) に代入して

$$k_3 = 0 \tag{6.31}$$

式 (6.30) に

$$\frac{di(0)}{dt} = \frac{V}{L}$$

を代入して

$$k_4 = \frac{V}{L} \tag{6.32}$$

よって，解は

$$i = \frac{V}{L} t e^{-at} \tag{6.33}$$

となる．

電流は一度増加し，その後，時間の一次関数と指数関数の積に従って減衰する．この $D = 0$ の重解の状態は次の複素解との境界にあたるもので，**臨界減衰**とよばれる．

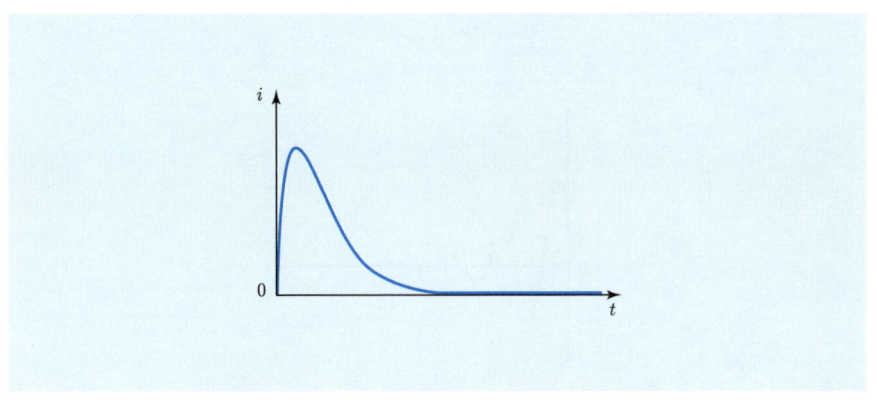

図6.7　R-L-C 直列回路の電流変化（臨界減衰）

$D < 0$ の場合

s は異なる 2 つの複素解を持つ.

$$s_1 = -a + j\sqrt{-D}$$
$$s_2 = -a - j\sqrt{-D} \tag{6.34}$$

一般解は k_5, k_6 を定数として

$$i = k_5 e^{s_1 t} + k_6 e^{s_2 t} \tag{6.35}$$

初期値から定数 k_5, k_6 を求めると

$$k_5 = \frac{V}{2jL\sqrt{-D}}$$
$$k_6 = -k_5 \tag{6.36}$$

よって,解は

$$\begin{aligned}
i &= k_5 e^{s_1 t} + k_6 e^{s_2 t} \\
&= \frac{V}{2jL\sqrt{-D}}(e^{s_1 t} - e^{s_2 t}) \\
&= \frac{V}{2jL\sqrt{-D}} e^{-at} \left(e^{j\sqrt{-D}} - e^{-j\sqrt{-D}} \right) \\
&= \frac{V}{L\sqrt{-D}} e^{-at} \sin\sqrt{-D}\, t
\end{aligned} \tag{6.37}$$

となる.図6.8に示すように指数関数に正弦波の項が乗じられているので電流は振動しながら減衰する.この状態を**減衰振動**とよぶ.

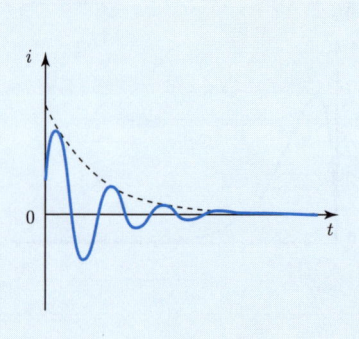

図6.8　*R-L-C* 直列回路の電流変化(減衰振動)

例題6.3　　　　　　　　　　　　　　R-L-C 直列回路の過渡現象

R-L-C 直列回路がある．$t = 0$ において電源のスイッチを入れた．次の問に答えよ．ただし，電源電圧 $E = 10\,[\mathrm{V}]$，抵抗 $R = 4\,[\Omega]$，インダクタンス $L = 20\,[\mathrm{mH}]$ とする．

(1) キャパシタンス $C = 2\,[\mathrm{F}]$ のとき，回路の電圧方程式を書け．また，回路に流れる電流の式を求めよ．

(2) 回路に流れる電流が振動しながら減衰するために，C の値がとるべき条件を求めよ．

【解答】　(1) 電圧の式は

$$L\frac{di}{dt} + Ri + \frac{1}{C}\int_0^t i\,dt = V$$

より

$$0.02\frac{di}{dt} + 4i + \frac{1}{2}\int_0^t i\,dt = 10$$

両辺を微分すると

$$0.02\frac{di^2}{dt^2} + 4\frac{di}{dt} + \frac{1}{2}i = 0 \qquad ①$$

この電圧方程式の特性方程式は

$$0.02s^2 + 4s + \frac{1}{2} = 0 \qquad ②$$

判別式

$$D = \left(\frac{R}{2L}\right)^2 - \frac{1}{LC} = \left(\frac{4}{2\cdot 0.02}\right)^2 - \frac{1}{0.02\cdot 2} = 9975 > 0$$

より，電流は過減衰となる．

$$\begin{aligned}
i &= \frac{V}{L\sqrt{D}} e^{-at} \sinh \sqrt{D}\,t \\
&= \frac{10}{0.02\sqrt{9975}} e^{-\{4/(2\cdot 0.02)\}t} \sinh \sqrt{9975}\,t \\
&= \frac{100}{\sqrt{399}} e^{-100t} \sinh 5\sqrt{399}\,t \qquad ③
\end{aligned}$$

(2) 減衰振動の条件は特性方程式 $D < 0$ である．

$$D = \left(\frac{R}{2L}\right)^2 - \frac{1}{LC} = \left(\frac{4}{2\cdot 0.02}\right)^2 - \frac{1}{0.02\cdot C} < 0$$

より，$C < \frac{1}{200} = 0.005\,[\mathrm{F}]$ となる． ∎

6.3 節の関連問題

6.1 R-L-C 直列回路があり，それぞれの素子の値が $R = 2\,[\Omega]$, $L = 1\,[\mathrm{mH}]$, $C\,[\mathrm{F}]$ であるとする．$t = 0$ において回路の電源を ON にする．電流の性質が変わる C の値を求めよ．

6.4 スイッチの切替えに伴う過渡現象

実際の回路においてはスイッチの切替えによって回路状態が変化することも多い．

図6.9の回路がある．スイッチによって，電源を R-L 直列負荷に接続するか（スイッチ：端子1側），R-L 直列負荷を抵抗に接続するか（スイッチ：端子2側），切り替えることができる．いま，$t=0$ においてスイッチを端子1に入れ，$t=t_s$ において端子2に入れるとする．ただし，$t=0$ 以前には回路に電流は流れていない．

スイッチを端子1に入れる．回路方程式は

$$V = L\frac{di}{dt} + R_1 i \tag{6.38}$$

より

$$i = \frac{V}{R_1}\left\{1 - e^{-(R_1/L)t}\right\} \tag{6.39}$$

よって，スイッチを切り替えるときの電流 $i(t_s)$ は

$$i(t_s) = \frac{V}{R_1}\left\{1 - e^{-(R_1/L)t_s}\right\} \tag{6.40}$$

t_s は回路に流れる電流が一定になる時間に比べて十分長いとすると，$i(t_s) = \frac{V}{R_1}$ となる．

$t=t_s$ においてスイッチを端子1から2に切り替える．回路方程式は

$$L\frac{di}{dt} + R_1 i + R_2 i = 0 \tag{6.41}$$

この方程式は R-L 直列回路の電圧方程式で，電源電圧を $V \to 0$ にしたものと同じであるので，一般解は

$$i = ke^{-\{(R_1+R_2)/L\}(t-t_s)} \tag{6.42}$$

指数の時間項が t でなく $t - t_s$ であることに注意．

回路のスイッチを切り替えたときの電流値 $i(t_s)$ から k を求める．

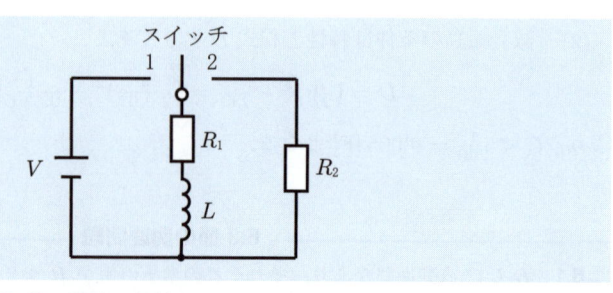

図6.9 回路に切替えスイッチがある場合

6.4 スイッチの切替えに伴う過渡現象

$$i(t_s) = ke^{-\{(R_1+R_2)/L\}0}$$
$$k = i(t_s) \tag{6.43}$$

切替え後の解は次式のようになる．

$$i = i(t_s)e^{-\{(R_1+R_2)/L\}(t-t_s)} \tag{6.44}$$

以上をまとめると

$$i = \frac{V}{R_1}\left\{1 - e^{-(R_1/L)t}\right\} \qquad (t < t_s)$$
$$i = i(t_s)e^{-\{(R_1+R_2)/L\}(t-t_s)} \qquad (t \geq t_s) \tag{6.45}$$

ただし，$i(t_s)$ はスイッチを切り替えたときに L に流れている電流である．

■ 例題 6.4 ■　　　　　　　　　　　　スイッチの切替えを伴う回路に流れる電流

図 6.9 において電源電圧 $V = 30\,[\mathrm{V}], R_1 = 20\,[\Omega], R_2 = 5\,[\Omega], L = 10\,[\mathrm{mH}]$ とする．ある時刻にスイッチを端子 1 側に入れる．十分に時間がたって回路に流れる電流が一定になった後，スイッチを端子 2 側に入れる．次の問に答えよ．
(1) スイッチを端子 2 に入れる直前に回路に流れる電流を求めよ．
(2) スイッチを端子 2 に入れた後，回路に流れる電流を求めよ．ただし，スイッチを端子 2 に入れた時刻を $t = 0$ とする．

【解答】 (1) 回路に流れる電流が一定になっているということは

$$V = L\frac{di}{dt} + R_1 i \qquad ①$$

において，右辺第 1 項の $\frac{di}{dt} = 0$ になっているということである．よって

$$i = \frac{V}{R_1} = 1.5\,[\mathrm{A}]$$

となる．

(2) 切替え後は R_1, R_2, L の直列回路になる．よって，式 (6.44) より

$$i = i(t_s)e^{\{(R_1+R_2)/L\}(t-t_s)} \qquad ②$$

この問ではスイッチを切り替えた時刻を $t = 0$ としている．また，切り替えたときの電流 $i = 1.5\,[\mathrm{A}]$ であるから

$$i = 1.5e^{-\{(20+5)/0.01\}t}$$
$$= 1.5e^{-2500t}\,[\mathrm{A}] \qquad ③$$

となる．

例題6.5 — コンデンサを伴うスイッチ切替え回路

図6.10の回路がある.まず,スイッチを端子1側に入れる.十分に時間がたった後,端子2にスイッチを入れる.次の問に答えよ.

(1) スイッチを端子2に入れる直前に回路に流れている電流,およびコンデンサに加わる電圧,蓄えられているエネルギーを求めよ.

(2) スイッチを端子2に入れた後の回路に流れる電流を求めよ.また,コンデンサの電圧 V_C の変化を求めよ.ただし,スイッチを端子2に入れた時刻を $t=0$ とする.

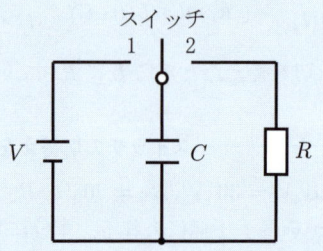

図6.10 コンデンサを伴うスイッチ切替え回路

【解答】 (1) スイッチを端子1に入れている間,コンデンサは電源により充電されている.十分に時間がたてばコンデンサの電圧 $V_C = V$ となる.また,その際の電流 $i=0$ である.エネルギーは

$$\tfrac{1}{2}CV_C{}^2 = \tfrac{1}{2}CV^2$$

(2) 電圧方程式は

$$Ri + \tfrac{1}{C}\int i\,dt = 0 \qquad ①$$

両辺を微分すると

$$R\tfrac{di}{dt} + \tfrac{1}{C}i = 0 \qquad ②$$

この一般解は,R-C 直列回路の結果から k を定数として

$$i = ke^{-(1/CR)t} \qquad ③$$

と求めることができる.ここで切替え直後の回路の電流はコンデンサの電圧 $V_C = V$ であるので,$i(0) = \tfrac{V}{R}$ となる.これらを代入して

$$i(0) = ke^{-(1/CR)0} = \tfrac{V}{R}$$

$$k = \tfrac{V}{R} \qquad ④$$

よって,最終的な解は次式となる.

$$i = \tfrac{V}{R}e^{-(1/CR)t} \qquad ⑤$$

電圧 V_C は電流を積分すればよい.

6章の問題

☐ **1** $R\text{-}L$ 直列回路がある．$R = 2\,[\Omega]$，この回路の時定数 $\tau < 1\,[\text{msec}]$ であるために L が満たすべき条件を求めよ．

☐ **2** 下図のような回路がある．スイッチを端子 1 に入れ十分に時間がたってからスイッチを端子 2 に入れた．このときの電流変化を求めよ．

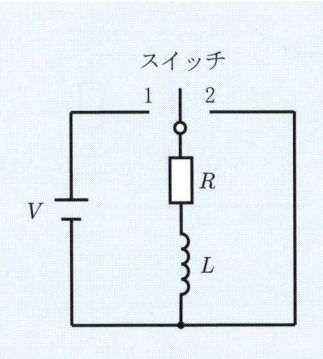

☐ **3** 下図に示す回路がある．電源電圧 $V = 4\,[\text{V}]$ で回路が定常状態になっている．いま，$t = 0$ において電源電圧を $10\,\text{V}$ に素早く変えた．回路に流れる電流を求めよ．

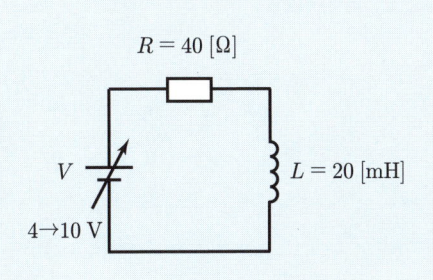

☐ **4** 下図に示す回路がある．$t=0$ でスイッチを入れた．次の問に答えよ．ただし，L に初期電流は流れておらず，C に初期電荷は蓄えられていない．

(1) i_L と i_C について回路方程式を求めよ．
(2) i_L と i_C を求めよ．
(3) 電源から流れる i の大きさを求めよ．

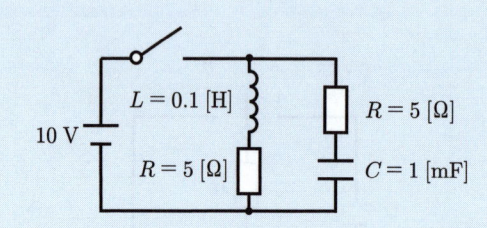

第7章
ラプラス変換とラプラス変換を用いた回路解析

　過渡現象で学んだように電気回路から微分方程式を立て，解けば定常状態になるまでの回路状態を求めることができる．しかし，回路が複雑になれば微分方程式も複雑になり，先に述べた手法で解くことは困難になる．そこで本章では**ラプラス変換**を用いて，微分方程式を容易に解く手法を学ぶ．まず，ラプラス変換の基本的な性質および計算方法，ラプラス変換からもとの時間関数に戻す逆ラプラス変換の方法について学ぶ．そして，これらを電気回路に適用し，回路方程式を解く方法について学ぶ．

7.1 ラプラス変換の定義と性質

7.1.1 ラプラス変換の定義

ラプラス変換は微分や積分，指数関数などの時間関数である t の関数を複素変数 s の代数式である s 関数に変換することを指し，次のように定義される．

$$\begin{aligned} F(s) &= \mathcal{L}[f(t)] \\ &= \int_0^\infty f(t)e^{-st}dt \end{aligned} \quad (7.1)$$

ただし

$$s = \sigma + j\omega \quad (7.2)$$

で σ と ω は実数である．式 (7.1) の定積分を行い，時間 t の関数 $f(t)$ から s 関数 $F(s)$ を求めることを**ラプラス変換**とよぶ．

s 関数 $F(s)$ からラプラス変換の元の関数 $f(t)$ を求めることを**逆ラプラス変換**とよぶ．

$$\begin{aligned} f(t) &= \mathcal{L}^{-1}[F(s)] \\ &= \frac{1}{2\pi j}\int_{\sigma-j\infty}^{\sigma+j\infty} F(s)e^{st}ds \end{aligned} \quad (7.3)$$

元の関数 $f(t)$ とラプラス変換後の関数 $F(s)$ は 1 対 1 の関係にある．よって，$f(t)$ をラプラス変換した $F(s)$ を逆ラプラス変換すると，元の $f(t)$ に変換される．

7.1.2 ラプラス変換の性質

ラプラス変換は主に次のような性質を持つ．

線形性

関数 $f(t)$ を実数 a 倍した関数 $af(t)$ の s 関数は $F(s)$ を a 倍したものである．

$$\mathcal{L}[af(t)] = aF(s) \quad (7.4)$$

関数 $f(t)$ と別の関数 $g(t)$ の和の s 関数は，それぞれの s 関数の和となる．

$$\mathcal{L}[f(t) + g(t)] = F(s) + G(s) \quad (7.5)$$

以上，線形性をまとめると

$$\mathcal{L}[af(t) + bg(t)] = aF(s) + bG(s) \quad (7.6)$$

になる（a, b は定数）．

相似性

関数 $f(t)$ において $t = at$ とした $f(at)$ の s 関数は次のようになる．

$$\mathcal{L}[f(at)] = \frac{1}{a}F\left(\frac{s}{a}\right) \quad (7.7)$$

推移性(時間 t に関するもの)

$f(t)$ について時間 t が a だけ遅れた $f(t-a)$ の s 関数は

$$F(s-a) = \mathcal{L}[f(t-a)]$$
$$= e^{-sa}F(s) \tag{7.8}$$

になる.

推移性(複素変数 s に関するもの)

s 関数 $F(s)$ について a だけ複素移動した $F(s+a)$ に対する t 関数は

$$\mathcal{L}[e^{-at}f(t)] = F(s+a) \tag{7.9}$$

になる.

■ 例題 7.1 ■ ────────────── ラプラス変換の線形性の証明 ─

関数 $f(t), g(t)$ に対する s 関数をそれぞれ $F(s), G(s)$ とし,a, b を定数とする.線形性に関する次の式を証明せよ.

(1) $\mathcal{L}[af(t)] = aF(s)$
(2) $\mathcal{L}[af(t) + bg(t)] = aF(s) + bG(s)$

【解答】 (1) ラプラス変換の定義より

$$\mathcal{L}[af(t)] = \int_0^\infty af(t)e^{-st}dt$$
$$= a\int_0^\infty f(t)e^{-st}dt$$
$$= aF(s) \qquad ①$$

となる.

(2) ラプラス変換の定義より

$$\mathcal{L}[af(t)+bg(t)] = \int_0^\infty [af(t)+bg(t)]e^{-st}dt$$
$$= \int_0^\infty af(t)e^{-st}dt + \int_0^\infty bg(t)e^{-st}dt$$
$$= a\int_0^\infty f(t)e^{-st}dt + b\int_0^\infty g(t)e^{-st}dt$$
$$= aF(s) + bG(s) \qquad ②$$

となる.

7.2 ラプラス変換の微分と積分

導関数のラプラス変換

$f(t)$ の導関数 $f'(t)$ の s 関数は次式のようになる.

$$\mathcal{L}[f'(t)] = sF(s) - f(0) \tag{7.10}$$

ここで,$f(0)$ は $f(t)$ の初期値とする.

2階微分 $f''(t)$ の s 関数は次のようになる.

$$\mathcal{L}[f''(t)] = s^2 F(s) - sf(0) - f'(0) \tag{7.11}$$

ここで,$f'(0)$ は $f'(t)$ の初期値とする.

不定積分のラプラス変換

不定積分 $\int f(t)dt$ のラプラス変換は

$$\mathcal{L}\left[\int f(t)dt\right] = \frac{F(s)}{s} + \frac{\int f(0)dt}{s} \tag{7.12}$$

となる.

以上,ラプラス変換の性質を**表7.1**にまとめる.

表7.1 ラプラス変換基本性質

性質	t 関数	s 関数
線形性	$af(t) + bf(t)$	$aF(s) + bF(s)$
相似性	$f(at)$	$\frac{1}{a}F\left(\frac{s}{a}\right)$
時間推移性	$f(t-a)$	$e^{-as}F(s)$
複素推移性	$e^{-at}f(t)$	$F(s+a)$
微分	$f'(t)$	$sF(s) - f(0)$
積分	$\int f(t)dt$	$\frac{F(s)}{s} + \frac{\int f(0)dt}{s}$

7.3 基本的な関数のラプラス変換

基本的な関数についてラプラス変換を覚えておけば，逆ラプラス変換する際に便利である．

表7.2に基本的な関数のラプラス変換を示す．

表7.2 基本的な関数のラプラス変換

t 関数	s 関数	t 関数	s 関数
u	$\frac{1}{s}$	$\sin\omega t$	$\frac{\omega}{s^2+\omega^2}$
定数 K	$\frac{K}{s}$	$\cos\omega t$	$\frac{s}{s^2+\omega^2}$
t	$\frac{1}{s^2}$	$\sinh\omega t$	$\frac{\omega}{s^2-\omega^2}$
t^2	$\frac{2}{s^3}$	$\cosh\omega t$	$\frac{s}{s^2-\omega^2}$
e^{-at}	$\frac{1}{s+a}$	te^{-at}	$\frac{1}{(s+a)^2}$
e^{at}	$\frac{1}{s-a}$	te^{at}	$\frac{1}{(s-a)^2}$

■例題7.2■ ──────────── ステップ関数のラプラス変換 ─

ステップ関数 $u(t)$ のラプラス変換が $\frac{1}{s}$ であることを示せ．ただし

$$\begin{cases} u(t) = 0 & (t < 0) \\ u(t) = 1 & (t \geq 0) \end{cases} \quad ①$$

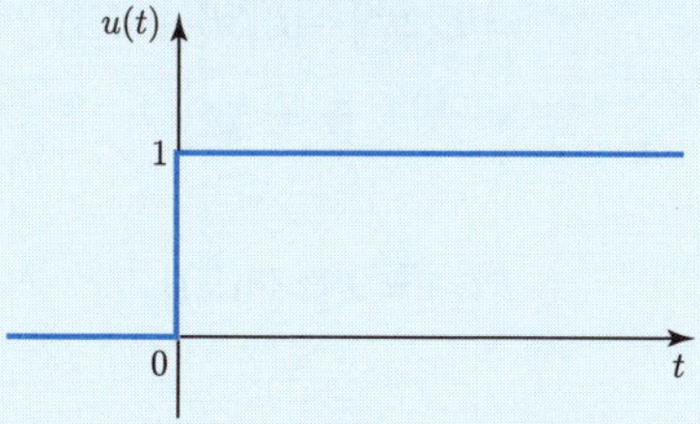

図7.1 ステップ関数

【解答】 ラプラス変換の定義より

$$\begin{aligned}\mathcal{L}[u(t)] &= \int_0^\infty u(t)e^{-st}dt \\ &= \int_0^\infty 1 \cdot e^{-st}dt \\ &= \left[-\frac{1}{s}e^{-st}\right]_0^\infty = \frac{1}{s} \end{aligned} \quad ②$$

ステップ関数は電気回路において理想スイッチを意味する．

■ **例題7.3** ■──────────────────ラプラス変換──

次の関数 $f(t)$ のラプラス変換 $F(s)$ を求めよ.
(1) $f(t) = 3$
(2) $f(t) = 6t + 4$
(3) $f(t) = 2t^2 + 3t + 1$
(4) $f(t) = 2\sin\omega t$
(5) $f(t) = \cosh 2\omega t$
(6) $f(t) = e^{3t}$
(7) $f(t) = 5te^{-3t}$

【解答】 (1)
$$F(s) = \mathcal{L}[3]$$
$$= \frac{3}{s} \quad ①$$

(2) 線形性を用いて $6t$ と 4 に分けて考える.
$$F(s) = \mathcal{L}[6t + 4]$$
$$= \mathcal{L}[6t] + \mathcal{L}[4]$$
$$= \frac{6}{s^2} + \frac{4}{s} \quad ②$$

(3) (2) と同様に線形性を用いて
$$F(s) = \mathcal{L}[2t^2 + 3t + 1]$$
$$= \mathcal{L}[2t^2] + \mathcal{L}[3t] + \mathcal{L}[1]$$
$$= \frac{4}{s^3} + \frac{3}{s^2} + \frac{1}{s} \quad ③$$

(4)
$$F(s) = \mathcal{L}[2\sin\omega t]$$
$$= \frac{2\omega}{s^2 + \omega^2} \quad ④$$

(5)
$$F(s) = \mathcal{L}[\cosh 2\omega t]$$
$$= \frac{s}{s^2 - 4\omega^2} \quad ⑤$$

(6)
$$F(s) = \mathcal{L}[e^{3t}] = \frac{1}{s-3} \quad ⑥$$

(7)
$$F(s) = \mathcal{L}[5te^{-3t}] = \frac{5}{(s+3)^2} \quad ⑦■$$

7.3 基本的な関数のラプラス変換

■ **例題7.4** ■ ───────────── 逆ラプラス変換 ─

次の s 関数 $F(s)$ の逆ラプラス変換 $f(t)$ を求めよ．
(1) $F(s) = \frac{5}{s}$ (2) $F(s) = \frac{4}{s^2}$
(3) $F(s) = \frac{4}{s^3} + \frac{3}{s^2} + \frac{5}{s}$ (4) $F(s) = \frac{1}{s+4}$
(5) $F(s) = \frac{4}{s^2+16}$ (6) $F(s) = \frac{2}{s^2-25}$
(7) $F(s) = \frac{4}{(s+2)^2}$

【解答】 (1)
$$f(t) = \mathcal{L}^{-1}[\tfrac{5}{s}] = 5 \qquad ①$$

(2)
$$f(t) = \mathcal{L}^{-1}[\tfrac{4}{s^2}] = 4t \qquad ②$$

(3)
$$\begin{aligned} f(t) &= \mathcal{L}^{-1}\left[\tfrac{4}{s^3} + \tfrac{3}{s^2} + \tfrac{5}{s}\right] \\ &= \mathcal{L}^{-1}\left[\tfrac{4}{s^3}\right] + \mathcal{L}^{-1}\left[\tfrac{3}{s^2}\right] + \mathcal{L}^{-1}\left[\tfrac{5}{s}\right] \\ &= 2t^2 + 3t + 5 \qquad ③ \end{aligned}$$

(4)
$$f(t) = \mathcal{L}^{-1}[\tfrac{1}{s+4}] = e^{-4t} \qquad ④$$

(5)
$$f(t) = \mathcal{L}^{-1}[\tfrac{4}{s^2+16}] = \mathcal{L}^{-1}[\tfrac{4}{s^2+4^2}] = \sin 4t \qquad ⑤$$

(6)
$$\begin{aligned} f(t) &= \mathcal{L}^{-1}[\tfrac{2}{s^2-25}] \\ &= \tfrac{2}{5}\mathcal{L}^{-1}[\tfrac{5}{s^2-5^2}] = \tfrac{2}{5}\sinh 5t \qquad ⑥ \end{aligned}$$

(7)
$$f(t) = \mathcal{L}^{-1}[\tfrac{4}{(s+2)^2}] = 4\mathcal{L}^{-1}[\tfrac{1}{(s+2)^2}] = 4te^{-2t} \qquad ⑦ ■$$

──────────── **7.3 節の関連問題** ────────────

☐ **7.1** 次の関数 $f(t)$ のラプラス変換 $F(s)$ を求めよ．
(1) $f(t) = (t-2)^2$ (2) $f(t) = e^{4t-5}$
(3) $f(t) = \sin(\omega t + \theta)$ (4) $f(t) = \cos^2 \omega t$
(5) $f(t) = \sin^2 \omega t$

☐ **7.2** 次の s 関数 $F(s)$ の逆ラプラス変換 $f(t)$ を求めよ．
(1) $F(s) = \frac{4}{s(s^2+1)}$ (2) $F(s) = \frac{1}{(s-4)(s-2)}$ (3) $F(s) = \frac{s-5}{s^2+4s+8}$

7.4 ラプラス変換による各素子の表現

7.4.1 抵抗 R

抵抗 R に加わる電圧 $v(t)$ と電流 $i(t)$ の関係は

$$v(t) = Ri(t) \tag{7.13}$$

である．$v(t)$ と $i(t)$ のラプラス変換は

$$\mathcal{L}[v] = V(s), \quad \mathcal{L}[i] = I(s) \tag{7.14}$$

となる．R は時間に対して定数であるので，電圧方程式は次式で表される．

$$V(s) = RI(s) \tag{7.15}$$

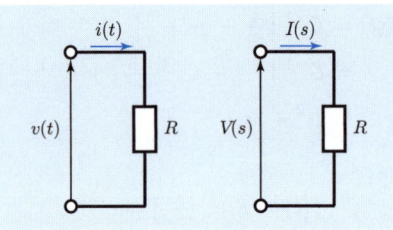

図7.2 抵抗素子におけるラプラス変換

7.4.2 コイル L

コイル L に加わる電圧 $v(t)$ と電流 $i(t)$ の関係は

$$v(t) = L\frac{d}{dt}i(t) \tag{7.16}$$

L は時間に対して定数であるので電圧方程式は

$$V(s) = L\{sI(s) - i(0)\} \tag{7.17}$$

$i(0)$ は初期電流で $t = 0$ においてコイル L に電流が流れていなければ $i(0) = 0$ となる．

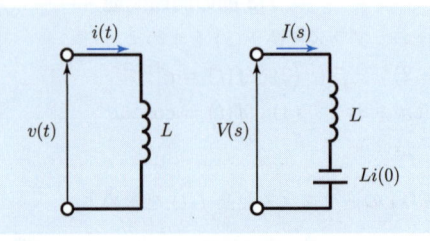

図7.3 コイルにおけるラプラス変換

7.4.3 コンデンサ C

コンデンサ C に加わる電圧 $v(t)$ と電流 $i(t)$ の関係は

$$v(t) = \tfrac{1}{C} \int i(t) dt \tag{7.18}$$

コンデンサの電圧は $t=0$ までにコンデンサに蓄えられている電荷による電圧と，時刻 0 から t までに蓄えられる電荷による電圧に分けられる．

$$\begin{aligned} v(t) &= \tfrac{1}{C} \int_{-\infty}^{t} i(t) dt \\ &= \tfrac{1}{C} \int_{-\infty}^{0} i(t) dt + \tfrac{1}{C} \int_{0}^{t} i(t) dt \\ &= v(0) + \tfrac{1}{C} \int_{0}^{t} i(t) dt \end{aligned} \tag{7.19}$$

初期電圧 $v(0)$ および C は時間に対して定数であるので，コンデンサにおける関係は s 関数で表すと

$$V(s) = \tfrac{v(0)}{s} + \tfrac{1}{C}\left\{ \tfrac{I(s)}{s} + \tfrac{\int i(0)dt}{s} \right\} \tag{7.20}$$

ここで，$i(0)$ は初期電流であり

$$i(0) = 0$$

かつ初期電圧

$$v(0) = 0$$

なら

$$V(s) = \tfrac{1}{C} \tfrac{I(s)}{s} \tag{7.21}$$

となる．

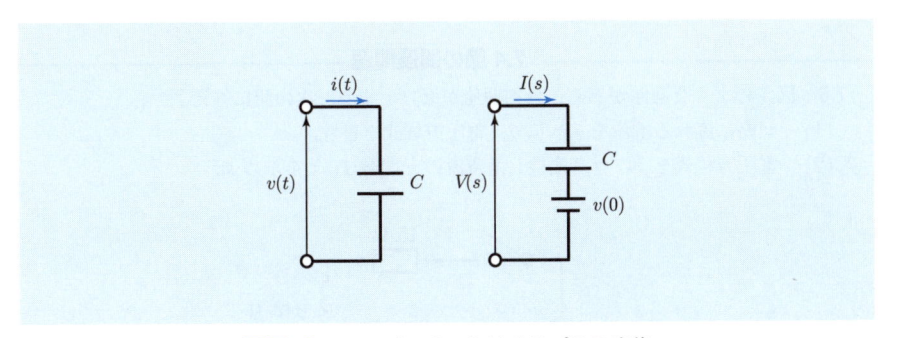

図7.4　コンデンサにおけるラプラス変換

例題7.5　回路と s 関数

図7.5のような回路がある．各初期値がゼロとする．次の問に答えよ．
(1) 回路に流れる電流を i として，電圧方程式を書け．
(2) 電圧方程式をラプラス変換し，電流の s 関数 $I(s)$ を求めよ．

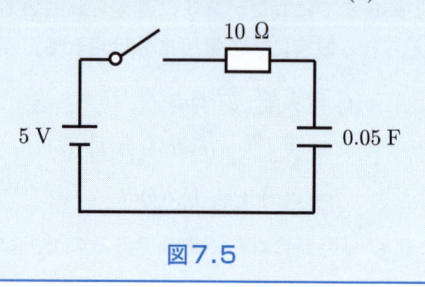

図7.5

【解答】 (1)
$$V = Ri + \frac{1}{C}\int i\,dt \qquad ①$$
であるので
$$5 = 10i + \frac{1}{0.05}\int i\,dt$$
より
$$1 = 2i + 4\int i\,dt \qquad ②$$

(2) 電圧方程式のラプラス変換を行う．
$$\frac{1}{s} = 2I(s) + 4\frac{I(s)}{s}$$
より
$$I(s) = \frac{1}{2s+4} \qquad ③$$

7.4節の関連問題

□ **7.3** 図1のような回路がある．各初期値がゼロとする．次の問に答えよ．
(1) 回路に流れる電流を i として，電圧方程式を書け．
(2) 電圧方程式をラプラス変換し，電流の s 関数 $I(s)$ を求めよ．

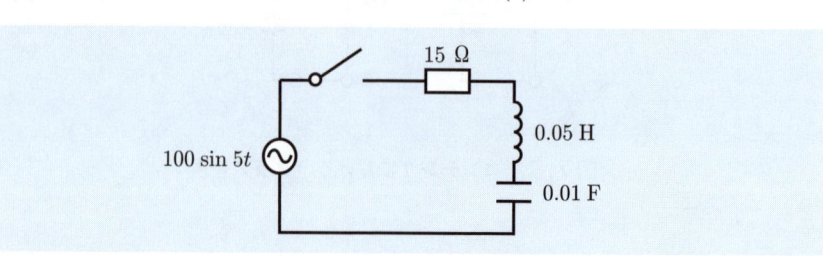

図1

7.5 ラプラス変換を用いた回路解析法

ラプラス変換を用いた回路解析の流れは図7.6のようになる．

```
電気回路から回路方程式（tの関数）を立てる
          ↓ ラプラス変換
s関数の方程式を求める
          ↓
s関数の方程式を解く（代数計算のみでよい）
          ↓ 逆ラプラス変換
回路方程式（tの関数）の解を求める
```

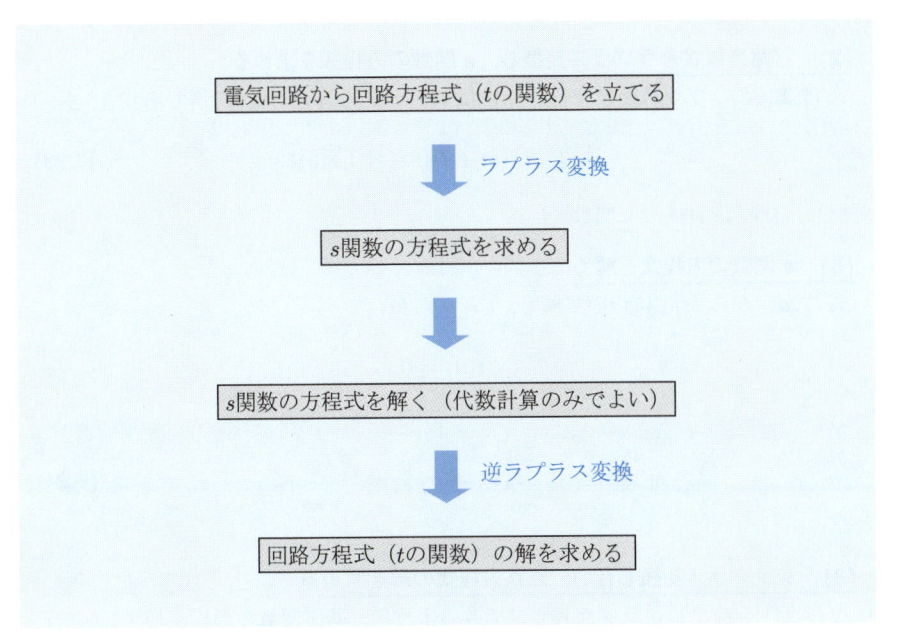

図7.6 ラプラス変換を用いた解析の流れ

図7.7の R-L 直列回路の解析を例に，この手順で回路を解く．ただし，スイッチは $t=0$ で ON される．

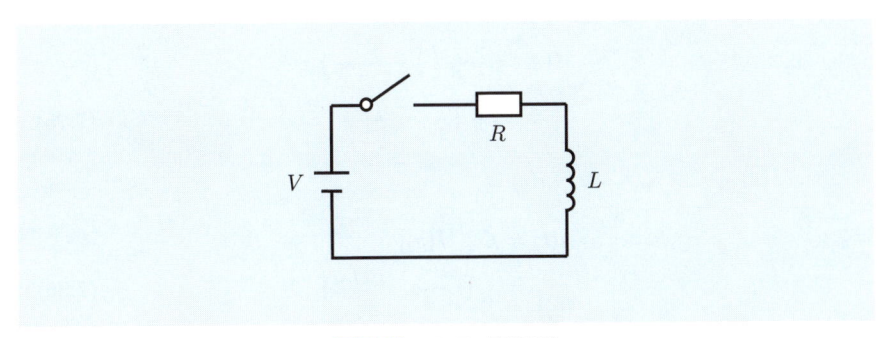

図7.7 R-L 直列回路

(1) 回路方程式を立てる

図 7.7 の回路の回路方程式は次式で表される．また，電流を $i(t)$ とする．

$$V = Ri + L\frac{di}{dt} \tag{7.22}$$

(2) 回路方程式をラプラス変換し，s 関数の方程式を求める

式 (7.22) のラプラス変換を行う．V はステップ関数 $u(t)$ の V 倍であり

$$\frac{V}{s} = RI(s) + L\{sI(s) + i(0)\} \tag{7.23}$$

ただし，$I(s)$ は $i(t)$ の s 関数．

(3) s 関数の方程式を解く

式 (7.23) から $I(s)$ について解く．$t = 0$ において

$$i(0) = 0$$

なので

$$I(s) = \frac{V}{s(Ls+R)} \tag{7.24}$$

となる．

(4) 逆ラプラス変換を行い，回路方程式の解を求める

式 (7.24) を簡単に逆ラプラス変換できるように，基礎関数の形に変形する．

$$\begin{aligned} I(s) &= \frac{V}{s(Ls+R)} \\ &= \frac{V}{L}\frac{1}{s(s+\frac{R}{L})} \end{aligned}$$

部分分数に分解して

$$\begin{aligned} I(s) &= \frac{V}{L}\frac{L}{R}\left(\frac{1}{s} - \frac{1}{s+\frac{R}{L}}\right) \\ &= \frac{V}{R}\left(\frac{1}{s} - \frac{1}{s+\frac{R}{L}}\right) \end{aligned} \tag{7.25}$$

よって，$I(s)$ の逆ラプラス変換 $i(t)$ は

$$\begin{aligned} i(t) &= \mathcal{L}^{-1}[I(s)] \\ &= \frac{V}{R}\{1 - e^{-(R/L)t}\} \end{aligned} \tag{7.26}$$

となる．

例題7.6　　ラプラス変換を用いた過渡現象解析

図7.8のような R-C 直列回路がある．この回路に流れる電流をラプラス変換を用いて求めよ．ただし，$t=0$ においてコンデンサには電荷は蓄えられていないとする．

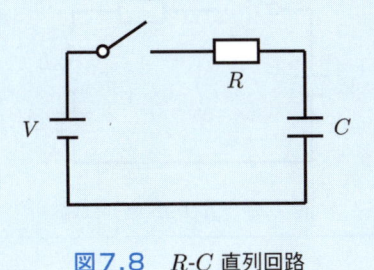

図7.8 R-C 直列回路

【解答】　図7.8の回路方程式は次式で表される．ただし，スイッチは $t=0$ で ON される．また電流を $i(t)$ とする．

$$V = Ri + \frac{1}{C}\int i\,dt \quad\quad ①$$

回路方程式をラプラス変換し，s 関数の方程式を求める．式①のラプラス変換を行うと

$$\frac{V}{s} = RI(s) + \frac{1}{C}\frac{I(s)}{s} \quad\quad ②$$

ただし，$I(s)$ は $i(t)$ の s 関数．

$I(s)$ について解く．$t=0$ において

$$i(0) = 0$$

なので

$$I(s) = \frac{V}{Rs + \frac{1}{C}} \quad\quad ③$$

逆ラプラス変換を行うために整理すると

$$I(s) = \frac{V}{Rs + \frac{1}{C}}$$
$$= \frac{V}{R(s + \frac{1}{RC})} \quad\quad ④$$

逆ラプラス変換をして t の関数である $i(t)$ を求めると

$$i(t) = \mathcal{L}^{-1}[I(s)]$$
$$= \frac{V}{R}e^{-(1/RC)t} \quad\quad ⑤$$

となる．

■ 例題7.7 ■ ─── ラプラス変換を用いた R-L-C 直列回路の解法 ───

図7.9のような R-L-C 直列回路がある．この回路に流れる電流を，ラプラス変換を用いて求める．ただし，$t=0$ において回路に電流は流れていない．

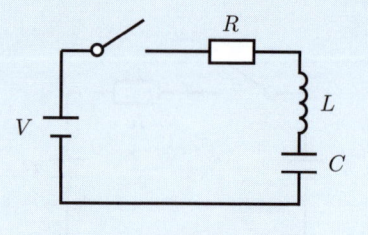

図7.9 R-L-C 直列回路

【解答】 回路方程式は

$$V = L\frac{di}{dt} + Ri + \frac{1}{C}\int_0^t i\, dt \qquad ①$$

ラプラス変換すると

$$\frac{V}{s} = RI(s) + L\{sI(s) + i(0)\} + \frac{1}{C}\frac{I(s)}{s} \qquad ②$$

電流の初期値 $i(0) = 0$ である．式②を整理すると

$$I(s) = \frac{V}{Ls^2 + Rs + \frac{1}{C}}$$

$$= \frac{V}{L}\frac{1}{s^2 + \frac{R}{L}s + \frac{1}{LC}} \qquad ③$$

分母の $s^2 + \frac{R}{L}s + \frac{1}{LC}$ を平方完成すると

$$s^2 + \frac{R}{L}s + \frac{1}{LC} = \left(s + \frac{R}{2L}\right)^2 - \left\{\left(\frac{R}{2L}\right)^2 - \frac{1}{CL}\right\} \qquad ④$$

ここで，右辺の第2項を

$$\left\{\left(\frac{R}{2L}\right)^2 - \frac{1}{CL}\right\} = D$$

とおき，D の符号で場合分けする．

〔$D > 0$ のとき〕 式③は

$$I(s) = \frac{V}{L}\frac{1}{(s + \frac{R}{2L})^2 - D}$$

$$= \frac{V}{L}\frac{\sqrt{D}}{(s + \frac{R}{2L})^2 - (\sqrt{D})^2}\frac{1}{\sqrt{D}}$$

$$= \frac{V}{L\sqrt{D}}\frac{\sqrt{D}}{(s + \frac{R}{2L})^2 - (\sqrt{D})^2} \qquad ⑤$$

となる．

これは**表7.2**の基本的な関数のラプラス変換にある $\sinh \omega t$ の s 関数の形である ($\omega = \sqrt{D}$). ただし, s でなく $s + \frac{R}{2L}$ であるので, 複素推移性より, $e^{-(R/2L)t}$ を乗じればよい. $i(t)$ は

$$i(t) = \frac{V}{L\sqrt{D}} e^{-(R/2L)t} \sinh \sqrt{D}\, t \qquad ⑥$$

で表される過減衰となる.

〔$D = 0$ のとき〕 式③は

$$I(s) = \frac{V}{L} \frac{1}{(s + \frac{R}{2L})^2} \qquad ⑦$$

$i(t)$ は

$$i(t) = \frac{V}{L} t e^{-(R/2L)t} \qquad ⑧$$

で表される臨界減衰となる.

〔$D < 0$ のとき〕 式③は

$$\begin{aligned} I(s) &= \frac{V}{L} \frac{1}{(s + \frac{R}{2L})^2 - D} \\ &= \frac{V}{L} \frac{\sqrt{-D}}{(s + \frac{R}{2L})^2 + (\sqrt{-D})^2} \frac{1}{\sqrt{-D}} \\ &= \frac{V}{L\sqrt{-D}} \frac{\sqrt{-D}}{(s + \frac{R}{2L})^2 + (\sqrt{-D})^2} \qquad ⑨ \end{aligned}$$

となる. ここで $D < 0$ であるので, $-D > 0$ であることに注意する.

これは $\sin \omega t$ の s 関数の形になっている ($\omega = \sqrt{-D}$). ただし, s でなく $s + \frac{R}{2L}$ であるので, 複素推移性より $e^{-(R/2L)t}$ を乗じればよい. $i(t)$ は

$$i(t) = \frac{V}{L\sqrt{-D}} e^{-(R/2L)t} \sin \sqrt{-D}\, t \qquad ⑩$$

で表される減衰振動となる.

例題7.8 — 交流回路へのラプラス変換の適用

図7.10のような $R\text{-}L$ 直列交流回路がある．$t=0$ において初期電流はゼロである．次の問に答えよ．
(1) 電流 i として電圧方程式を求めよ．
(2) 電圧方程式をラプラス変換し，電流の s 関数 I を求めよ．

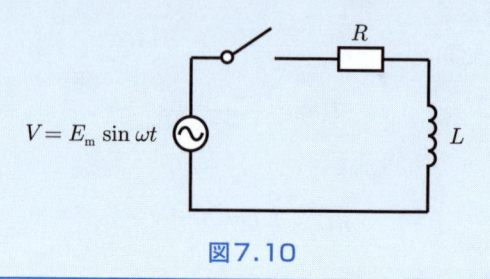

図7.10

【解答】 (1)
$$E_\mathrm{m}\sin\omega t = Ri + L\frac{di}{dt} \qquad ①$$

(2) ラプラス変換すると
$$E\frac{\omega}{s^2+\omega^2} = RI + LsI \qquad ②$$

より
$$I = \frac{E\omega}{L}\frac{1}{(s^2+\omega^2)(s+\frac{R}{L})} \qquad ③$$

(3) 部分分数分解して
$$I = \frac{E\omega}{L\{\omega^2+(\frac{R}{L})^2\}}\left(\frac{-s+\frac{R}{L}}{s^2+\omega^2} + \frac{1}{s+\frac{R}{L}}\right)$$
$$= \frac{E\omega}{L\{\omega^2+(\frac{R}{L})^2\}}\left(\frac{-s}{s^2+\omega^2} + \frac{\frac{R}{L}}{s^2+\omega^2} + \frac{1}{s+\frac{R}{L}}\right) \qquad ④$$

ここで，$\theta = \tan^{-1}\frac{\omega}{\frac{R}{L}}$ とすると，$\sin\theta = \frac{\omega}{\sqrt{\omega^2+(\frac{R}{L})^2}}$, $\cos\theta = \frac{\frac{R}{L}}{\sqrt{\omega^2+(\frac{R}{L})^2}}$ となるので

$$i = \mathcal{L}^{-1}[I] = \frac{E}{L\sqrt{\omega^2+(\frac{R}{L})^2}}\{-\cos\omega t\sin\theta + \sin\omega t\cos\theta + e^{-(R/L)t}\sin\theta\}$$
$$= \frac{E}{L\sqrt{\omega^2+(\frac{R}{L})^2}}\{\sin(\omega t - \theta) + e^{-(R/L)t}\sin\theta\} \qquad ⑤$$

ここで注意するのは交流回路の基礎で学んだ $R\text{-}L$ 交流直列回路とは結果が違うことである．それは，基礎で学んだのは交流を加えて時間がたち，回路が定常状態になった状態で，ここではスイッチを入れた過渡現象も式に記述されている．つまり，式の指数関数の項が過渡現象の部分であり，時間がたてばゼロに近づくので，基礎で学んだ $\sin(\omega t - \theta)$ の関数と一致するのである．

7.5節の関連問題

7.4 図7.7をラプラス変換を用いて解いた例と，微分方程式を直接解いた結果が一致することを確認せよ．

7.5 図2のような抵抗とコンデンサからなる回路がある．コンデンサの初期電荷はゼロとする．次の問に答えよ．
(1) 並列回路のそれぞれの負荷に流れる電流を i_1, i_2 として回路方程式を求めよ．
(2) 回路方程式をラプラス変換せよ．
(3) 求めた s 関数を逆ラプラス変換し，回路全体に流れる電流の時間関数 $i(t)$ を求めよ．

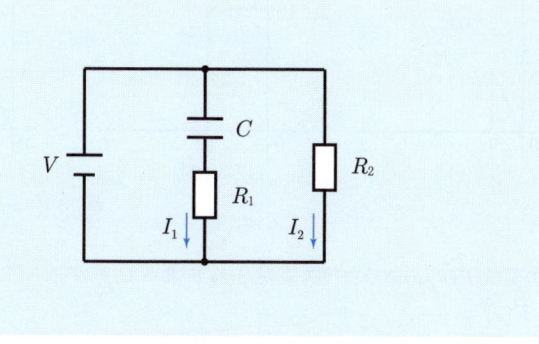

図2

7.6 ［例題 7.7］の結果が過渡現象のところで微分方程式を解くことで求めた解と同じである．ことを確認せよ．また，ラプラス変換を用いたときの利点を述べよ．

7.7 R-L-C 直列回路がある．$t=0$ において電源のスイッチを入れた．次の問に答えよ．ただし，電源電圧 $E = 12\,[\mathrm{V}]$，抵抗 $R = 8\,[\Omega]$，キャパシタンス $C = 0.02\,[\mathrm{F}]$ であり，回路に流れる初期電流，コンデンサの初期電荷はともにゼロである．
(1) $L = 500\,[\mathrm{mH}]$ のとき，回路の電圧方程式を書け．また回路に流れる電流 i の式を求め，その変化の特徴を述べよ．
(2) 回路に流れる電流の特徴が L によって変化することを示せ．

7章の問題

1 次の関数 $f(t)$ のラプラス変換 $F(s)$ を求めよ．
(1) $f(t) = \sin(\omega t + \theta)$
(2) $f(t) = (t+4)^2$ （ただし，展開せずに解く）
(3) $f(t) = e^4 t \cos 5t$

2 下図に示す関数 $f(t)$ のラプラス変換を求めよ．

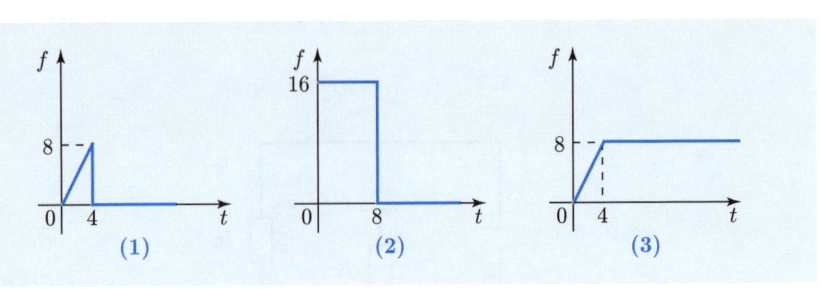

(1) (2) (3)

3 次の関数 $F(s)$ の逆ラプラス変換 $f(t)$ を求めよ．
(1) $F(s) = \frac{1}{s^2+7s+12}$
(2) $F(s) = \frac{3s}{s^2+64}$
(3) $F(s) = \frac{2s}{s^2-25}$
(4) $F(s) = \frac{s+1}{s^2+2s+5}$
(5) $F(s) = \frac{2}{s^2(s^2+49)}$

4 下図のような抵抗とコイルからなる回路がある．いま，$t=0$ でスイッチを入れる．この回路に流れる電流を求めるための，次の問に答えよ．ただし，$E=10\,[\text{V}], R_1 = R_2 = 2\,[\Omega], \text{L}=0.5\,[\text{H}]$ とし，コイルに流れる初期電流 $i_L(0) = 0$ とする．
(1) 回路方程式を立てよ．
(2) 求めた回路方程式をラプラス変換し，i_r と i_L の s 関数 I_r と I_L について解け．
(3) 逆ラプラス変換し i_r, i_L を求めよ．

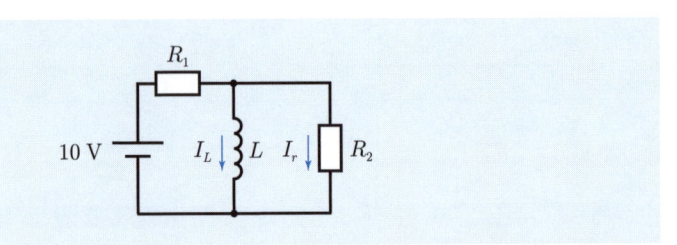

7章の問題

□ 5 下図のような抵抗とコンデンサからなる回路がある．いま，$t=0$ でスイッチを入れる．この回路に流れる電流を求めるための，次の問に答えよ．ただし，コンデンサの初期電荷 $v_C(0)=0$ とする．
 (1) 回路方程式を立てよ．
 (2) 求めた回路方程式をラプラス変換し，i_R と i_C の s 関数 I_R と I_C について解け．
 (3) 逆ラプラス変換し i_R, i_C を求めよ．

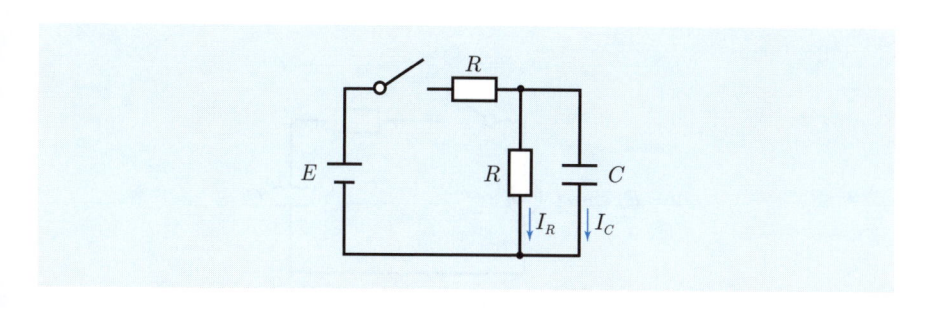

□ 6 下図の回路がある．スイッチを1に入れ，十分に時間がたってからスイッチを2に入れる．スイッチを2に入れた時間を $t=0$ として，回路に流れる電流 i を求めよ．

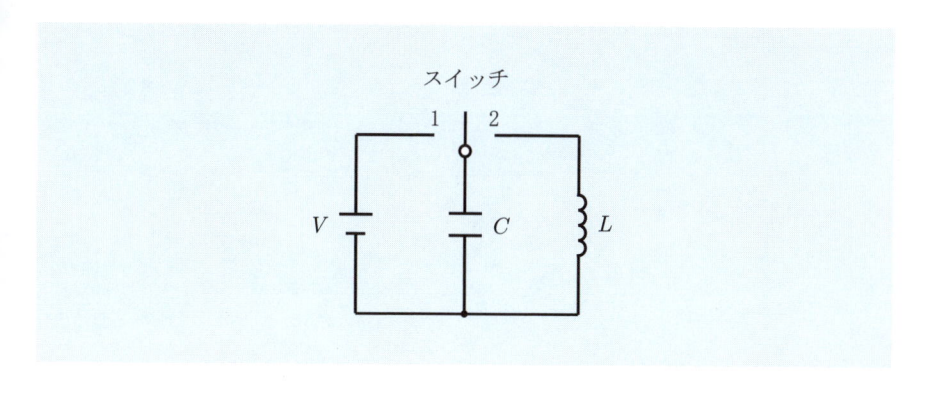

□ **7** 下図のような抵抗とコンデンサを直列接続した交流回路がある．いま，$t=0$ でスイッチを入れる．この回路に流れる電流を求めるための，次の問に答えよ．ただし，$V=100\sin 50t$ [V]，$R=3$ [Ω]，C= 5 [mF] とし，コンデンサの初期電荷はゼロとする．

(1) 回路に流れる電流を i として，電圧方程式を求めよ．
(2) 電圧方程式をラプラス変換し，電流の s 関数 I について解け．
(3) I を逆ラプラス変換して i を求めよ．

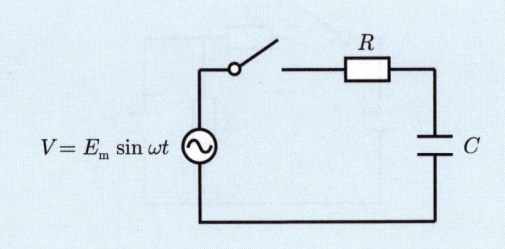

第8章

相互誘導回路

　コイルに電流が流れると磁束が発生する．コイルが複数あり，あるコイルに発生した磁束が他のコイルに影響をおよぼし，電圧を発生する現象を**相互誘導**とよぶ．本章では**相互誘導回路**について，その原理，性質を学び，実際の回路の計算を通じて理解を深める．

8.1 相互誘導の原理

図 8.1 のようにコイル 1 とコイル 2 が配置されている．一方のコイルに発生した磁束がもう一方のコイルに入り，さらに磁束が変動すると電圧が誘起される．コイル 1 とコイル 2 の自己インダクタンスを L_1, L_2 とする．

コイル 1 に電流 i_1 を流すと発生する磁束 ϕ_1 は次のようになる．

$$\phi_1 = L_1 i_1 \tag{8.1}$$

ϕ_1 はコイル 2 に入らずに戻っている磁束 ϕ_{11} と，コイル 2 に鎖交して戻ってくる磁束 ϕ_{12} に分けられる．ここでコイル 2 に鎖交する磁束 ϕ_{12} は

$$\phi_{12} = M i_1 \tag{8.2}$$

となる．係数 M はコイル 1 の磁束がコイル 2 に入る割合を示す**相互インダクタンス**である．

コイル 2 に電流 i_2 が流れていると発生する磁束 ϕ_2 は次のようになる．

$$\phi_2 = L_2 i_2 \tag{8.3}$$

コイル 2 の磁束がコイル 1 に入る割合は両者の位置関係で決まるので，コイル 1 からコイル 2 に入る磁束の割合 M と一致する．よって，コイル 2 の磁束からコイル 1 に入る磁束 ϕ_{21} は

$$\phi_{21} = M i_2 \tag{8.4}$$

となる．

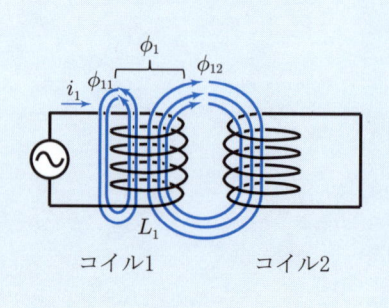

図 8.1 相互誘導（磁束の流れはコイル 1 から 2 へ）

8.1 相互誘導の原理

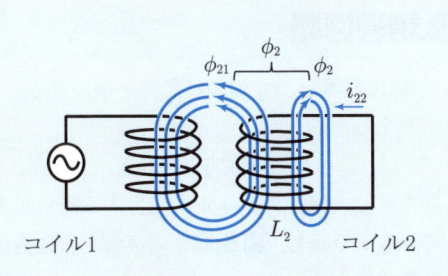

図8.2 相互誘導（磁束の流れはコイル2から1へ）

例題8.1 ━━━━━━━━━━━━━━━━━━━━ 相互誘導

インダクタンス 10 mH のコイル 1 とインダクタンス 20 mH のコイル 2 がある．コイル 1 に 2 A の電流を流したところ，コイル 2 に 5 mWb の磁束が鎖交した．次の問に答えよ．
(1) コイル 1 に発生する磁束を求めよ．
(2) コイル 1 と 2 の相互インダクタンスを求めよ．
(3) コイル 1 の漏れ磁束を求めよ．

【解答】 (1) $\phi = LI$ より

$$\phi_1 = 0.01 \cdot 2$$
$$= 0.02\,[\mathrm{Wb}]$$

となる．

(2) 相互インダクタンス，電流，磁束の関係は

$$\phi_{12} = M i_1$$

より

$$0.005 = 2M$$

よって

$$M = 0.0025\,[\mathrm{H}]$$

となる．

(3) 漏れ磁束はコイル 1 で発生した磁束のうち，コイル 2 に鎖交しない分である．

$$\phi_{11} = \phi_1 - \phi_{12}$$
$$= 0.015\,[\mathrm{Wb}]$$

8.2 相互誘導回路

相互誘導回路は v_1 の側に電源を，v_2 の側に負荷を接続することが一般的であり，それぞれ一次側，二次側とする．

相互誘導回路においては，コイルの巻き方（右巻きに巻くか，左巻きに巻くか）を一次側と二次側で変えることで，相手のコイルに発生する誘導起電力の向き，つまり極性が変わる．極性は図中の ● で表し，図8.3が同極性（和動結合）の場合，図8.4が逆極性（差動結合）の場合である．

図8.3の2つのコイルが同極性の場合の電圧方程式を求める．一次側コイルに誘導される起電力 v_1 は，一次側に自己誘導される電圧と二次側から一次側に入る磁束変化による起電力の和になるので

$$v_1 = \frac{d\phi_1}{dt} + \frac{d\phi_{21}}{dt} = L_1\frac{di_1}{dt} + M\frac{di_2}{dt} \tag{8.5}$$

二次側コイルに誘導される起電力 v_2 は

$$v_2 = \frac{d\phi_2}{dt} + \frac{d\phi_{12}}{dt} = L_2\frac{di_2}{dt} + M\frac{di_1}{dt} \tag{8.6}$$

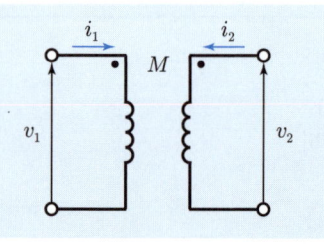

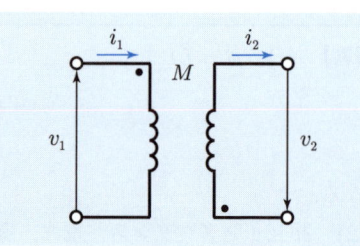

図8.3 相互誘導回路（同極性・和動結合）　図8.4 相互誘導回路（逆極性・差動結合）

例題8.2　　　　　　　　　　　　　　　　逆極性相互誘導回路

図8.4の2つのコイルが逆極性の場合の v_1, v_2 を求めよ．

【解答】　逆極性の場合は相手のコイルの磁束が弱めあう方向に誘導起電力が発生，つまり差になるので，v_1 は

$$v_1 = \frac{d\phi_1}{dt} - \frac{d\phi_{21}}{dt} = L_1\frac{di_1}{dt} - M\frac{di_2}{dt} \quad ①$$

二次側コイルに誘導される起電力 v_2 は

$$v_2 = \frac{d\phi_2}{dt} - \frac{d\phi_{12}}{dt} = L_2\frac{di_2}{dt} - M\frac{di_1}{dt} \quad ②$$

で表される．

8.3 相互誘導回路の等価回路

相互誘導回路は磁気結合の部分があり，そのままでは一次側と二次側で別の方程式を解く必要がある．そこで，この磁気結合の部分を等価回路化し，1つの回路とする．一次側と二次側の回路方程式は

$$v_1 = L_1 \frac{di_1}{dt} + M \frac{di_2}{dt}$$
$$v_2 = L_2 \frac{di_2}{dt} + M \frac{di_1}{dt} \tag{8.7}$$

相互インダクタンスの部分に流れる電流が同じになるように式 (8.7) を変形する．

$$v_1 = (L_1 - M) \frac{di_1}{dt} + M \frac{d(i_1+i_2)}{dt}$$
$$v_2 = (L_2 - M) \frac{di_2}{dt} + M \frac{d(i_1+i_2)}{dt} \tag{8.8}$$

この回路方程式は図 8.5 の回路で表現される．つまり，自己インダクタンスが $L_1 - M, L_2 - M, M$ の3つのコイルをT型に接続することで，磁気結合部分を等価回路化できる．得られた等価回路を **T 型等価回路**とよぶ．

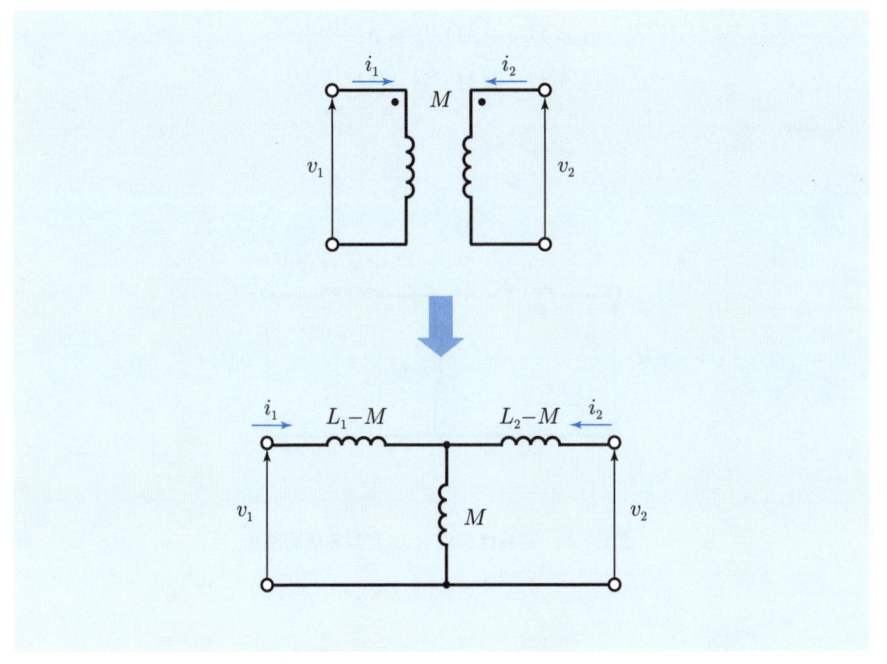

図 8.5　磁気結合部分の等価回路化

例題 8.3　逆極性相互誘導回路の等価回路

図 8.6 のように，2 つのコイルが逆極性の場合の等価回路を求めよ．

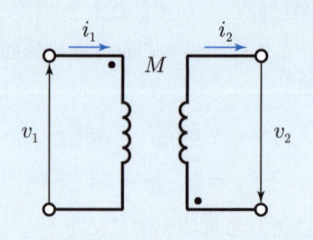

図 8.6　逆極性相互誘導回路

【解答】　逆極性の場合の電圧は

$$v_1 = L_1 \frac{di_1}{dt} - M \frac{di_2}{dt}$$
$$v_2 = L_2 \frac{di_2}{dt} - M \frac{di_1}{dt}$$

①

となる．相互インダクタンスの部分に流れる電流が同じになるように式①を変形すると

$$v_1 = (L_1 + M) \frac{di_1}{dt} - M \frac{d(i_1 + i_2)}{dt}$$
$$v_2 = (L_2 + M) \frac{di_2}{dt} - M \frac{d(i_1 + i_2)}{dt}$$

②

となる．

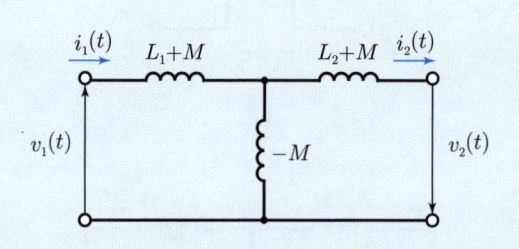

図 8.7　逆極性の場合の T 型等価回路化

8.4 相互誘導回路の応用（変圧器）

相互誘導回路の代表的な応用例は**変圧器**である．一次側コイルの巻数 N_1 と二次側コイルの巻数 N_2 の比によって，二次側の電圧が変化する．

一次側コイル1巻あたりに発生する磁束を ϕ_1 とすると，巻数 N_1 のコイルの総磁束は $N_1\phi_1$ となる．この総磁束と一次側コイルに発生する電圧 v_1 の関係はファラデーの法則より

$$\begin{aligned} v_1 &= \frac{dN_1\phi_1}{dt} \\ &= N_1 \frac{d\phi_1}{dt} \end{aligned} \tag{8.9}$$

同様に，二次側コイルに発生する電圧 v_2 と二次側コイルの総磁束の関係は

$$\begin{aligned} v_2 &= \frac{dN_2\phi_2}{dt} \\ &= N_2 \frac{d\phi_2}{dt} \end{aligned} \tag{8.10}$$

変圧器が理想的で，この一次側コイルの磁束がすべて二次側に鎖交すれば

$$\phi_1 = \phi_2 \tag{8.11}$$

つまり

$$\begin{aligned} \frac{d\phi_1}{dt} &= \frac{d\phi_2}{dt} \\ &= \frac{v_1}{N_1} \\ &= \frac{v_2}{N_2} \end{aligned} \tag{8.12}$$

より

$$\frac{v_1}{v_2} = \frac{N_1}{N_2} \tag{8.13}$$

一次側と二次側の巻数比が**変圧比**となる．

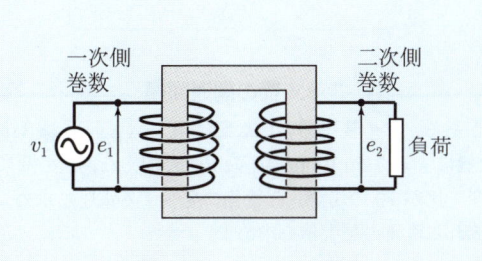

図8.8 変圧器

例題8.4　変圧器

ある変圧器がある．一次側に $e = 10\sin 60t\,[\mathrm{V}]$ の電圧を加えた．二次側に $5\,\Omega$ の負荷を加えたところ，負荷に流れた電流の最大値は $1\,\mathrm{A}$ となった．次の問に答えよ．

(1)　この変圧器の変圧比を求めよ．
(2)　一次側に流れる電流の最大値を求めよ．

【解答】　(1)　二次側に接続した負荷に流れる電流が $1\,\mathrm{A}$ であるので，二次側に発生した電圧は

$$1 \times 5 = 5\,[\mathrm{V}]$$

となる．よって，変圧比は

$$\frac{v_1}{v_2} = \frac{10}{5} = 2$$

となる．

(2)　電流の比は変圧比の逆数となるので $\frac{1}{2}$．よって

$$\frac{i_1}{i_2} = \frac{1}{2}$$

になるので，i_2 の大きさは $2\,\mathrm{A}$ となる．

8.4 節の関連問題

☐ **8.1**　ある変圧器がある．この変圧器の二次側に $R = 4\,[\Omega]$, $L = 3\,[\mathrm{mH}]$ の R-L 直列負荷を接続する．一次側に $e = 5\sin 1000t\,[\mathrm{V}]$ の電圧を加えた．次の問に答えよ．

(1)　変圧器の変圧比が 10 の場合，二次側に発生する電圧を求めよ．
(2)　二次側に流れる電流の最大値を求めよ．
(3)　電源周波数が高くなった場合，また低くなった場合に二次側に流れる電流はどのように変化するか述べよ．

8章の問題

1 コイル1のインダクタンスが 5 mH, コイル2のインダクタンスが 20 mH の相互誘導回路がある．コイル1に 5 A の電流を流したところ，コイル1での漏れ磁束が 5 mWb となった．次の問に答えよ．
  (1) コイル1に発生する磁束を求めよ．
  (2) 相互インダクタンスを求めよ．

2 下図のような相互誘導回路がある．次の問に答えよ．
  (1) この回路の T 型等価回路を描け．
  (2) 一次側電流 I_1 と二次側電流 I_2 を用いて電圧方程式を立てよ．
  (3) 一次側から見た回路のインピーダンス Z を求めよ．

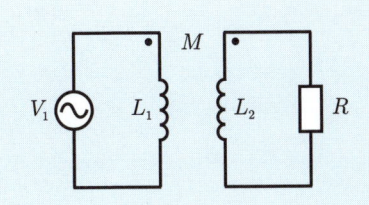

3 下図のような相互誘導回路がある．次の問に答えよ．
  (1) この回路の T 型等価回路を描け．
  (2) 等価回路において，一次側電流 I_1，二次側電流 I_2 として電圧方程式を立てよ．
  (3) 一次側から見た回路のインピーダンス Z を求めよ．
  (4) インピーダンス Z がゼロになる条件を示せ．

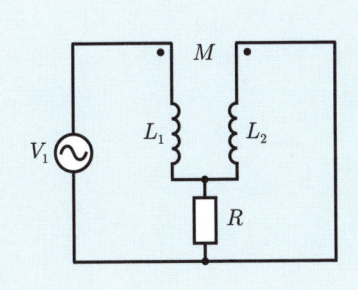

☐ **4** 一次側コイルの巻数が 50, 二次側コイルの巻数が 10 の変圧器がある．一次側電圧に $e = 50 \sin 100t$ [V] の電圧を加えた．次の問に答えよ．

(1) 二次側にある抵抗負荷を接続したときに，負荷に流れる電流の最大値が 2.5 A であった．抵抗負荷の大きさを求めよ．

(2) 負荷に直列に，$L = 30$ [mH] のコイルを加えた．負荷に流れる電流の最大値を求めよ．

第9章

三相交流回路

　これまで学んできた交流は**単相交流回路**と呼ばれ，家庭用電源など身近な交流電源は電源が1つだけ存在するものである．

　一方で，発電，送電，配電などの電力ネットワークでは，電源が3つ存在する**三相交流**を用いて行われる．本章では三相交流の接続方法，接続方法による電圧と電流の関係の変化などについて学ぶ．そして，三相交流を電源に持つ三相交流回路について理解する．

9.1 対称三相交流

一般的に三相交流と言えば**対称三相交流**を意味する．図9.1のように，円周方向に $\frac{2}{3}\pi$ ずつ配置をずらした巻線を配置する．その中を磁極を持つ回転体が回転することで，位相が $\frac{2}{3}\pi$ ずつずれた誘導起電力が発生する．これが発電機の原理であり，回転子の回転角速度 ω：電源の角周波数 [rad/s] がそのまま電源の角周波数となる．

ここで，V_m：電圧の最大値（＝誘導起電力の大きさ）[V] とすると，三相交流電源の電圧は

$$
\begin{aligned}
v_\mathrm{a} &= V_\mathrm{m} \sin \omega t \\
v_\mathrm{b} &= V_\mathrm{m} \sin \left(\omega t - \tfrac{2}{3}\pi\right) \\
v_\mathrm{c} &= V_\mathrm{m} \sin \left(\omega t - \tfrac{4}{3}\pi\right)
\end{aligned}
\tag{9.1}
$$

この電源の各相に抵抗 R を接続する．各相に流れる電流は

$$I_\mathrm{m} = \frac{V_\mathrm{m}}{R}$$

とすると

$$
\begin{aligned}
i_\mathrm{a} &= I_\mathrm{m} \sin \omega t \\
i_\mathrm{b} &= I_\mathrm{m} \sin \left(\omega t - \tfrac{2}{3}\pi\right) \\
i_\mathrm{c} &= I_\mathrm{m} \sin \left(\omega t - \tfrac{4}{3}\pi\right)
\end{aligned}
\tag{9.2}
$$

となる．

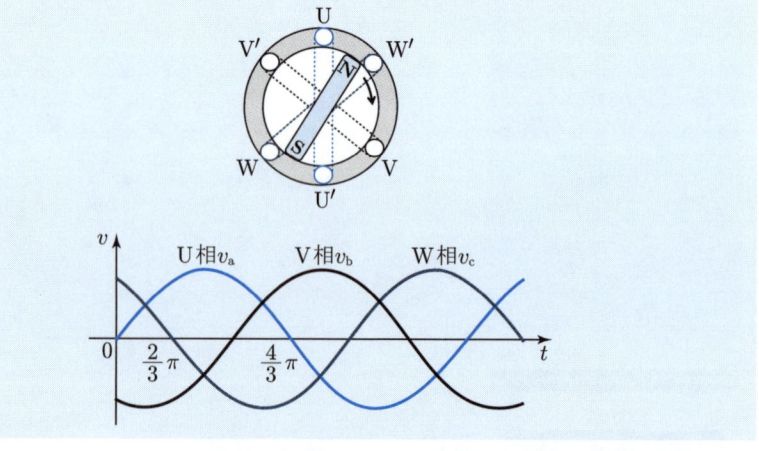

図9.1 三相交流発生原理

9.1 対称三相交流

例題9.1　三相交流電圧

波高値が 10 V，角周波数 $\omega = 100\,[\text{rad/s}]$ の対称三相交流電圧を求めよ．

【解答】　式 (9.1) より

$$v_\text{a} = 10 \sin 100t$$
$$v_\text{b} = 10 \sin \left(100t - \tfrac{2}{3}\pi\right)$$
$$v_\text{c} = 10 \sin \left(100t - \tfrac{4}{3}\pi\right)$$

①

図9.2に三相間の関係をフェーザ表示で示す．このフェーザ表示から分かるように，各相の電圧ベクトルを足し合わせるとゼロとなる．

$$\dot{v}_\text{a} + \dot{v}_\text{b} + \dot{v}_\text{c} = 0$$

電流についても全く同様に

$$\dot{i}_\text{a} + \dot{i}_\text{b} + \dot{i}_\text{c} = 0$$

となる．

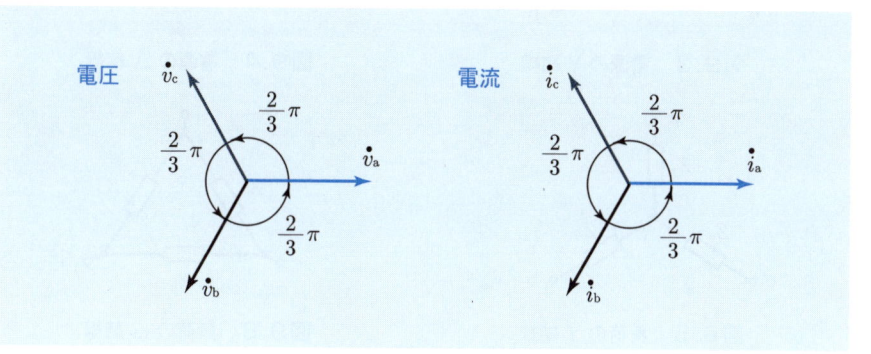

図9.2　対称三相交流フェーザ表示

9.1 節の関連問題

□ **9.1**　対称三相交流のうちの一相が次式で表されるとき，残りの二相を求めよ．

$$v_1 = 15 \sin \left(30t - \tfrac{2}{3}\pi\right)$$

□ **9.2**　対称三相交流のベクトルを足し合わせるとゼロになることを，複素数表示を用いて証明せよ．

9.2 対称三相交流の接続

対称三相交流の結線には Y 結線と Δ 結線の 2 つの結線方法がある．三相交流回路においては電源側の結線で Y と Δ，負荷側でも同じく Y と Δ の 2 通りずつあるので，合わせて 4 通りの組合せができる（図9.3〜図9.6）．

電源と負荷の両方とも Y 結線の場合は図9.7となる．この 3 本の接合点の電位に注目すると，フェーザ表示で示したように，3 つの電源電圧を足し合わせるとゼロになる．さらに，各相の負荷が $Z_a = Z_b = Z_c$ であれば負荷側の接合点の電位もゼロとなる．よって，この接合点を**中性点**とよぶ．

また，電源，負荷ともに Δ 結線の場合は図9.8のようになる．

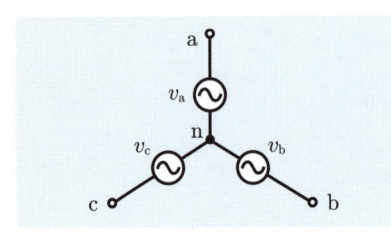

図9.3 電源の Y 結線

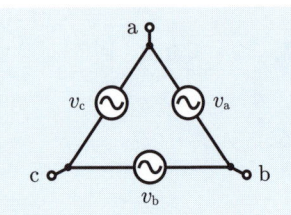

図9.4 電源の Δ 結線

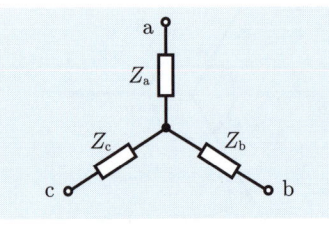

図9.5 負荷の Y 結線

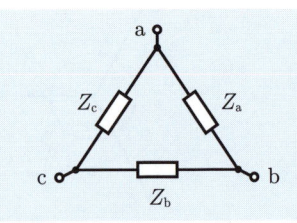

図9.6 負荷の Δ 結線

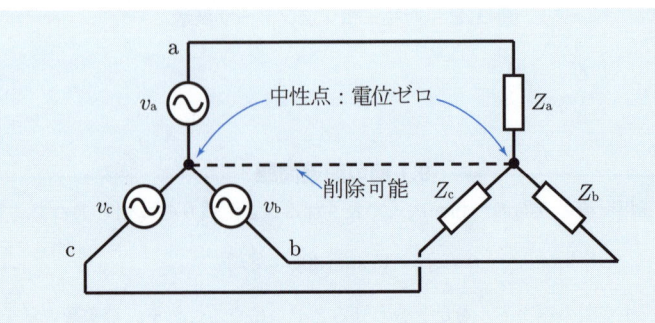

図9.7 三相交流 Y 結線

9.2 対称三相交流の接続

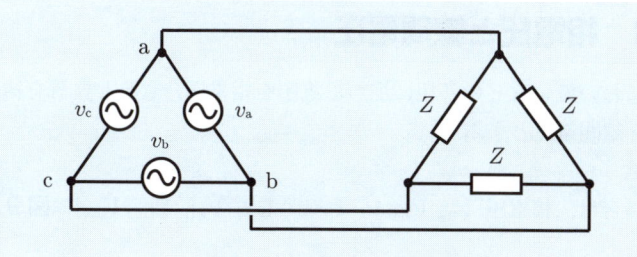

図9.8 三相交流 △ 結線

例題9.2 ────────────────── Y 結線と △ 結線 ─

次の回路図を描け.
(1) 電源が Y 結線,負荷が Z で △ 結線されている.
(2) 電源が △ 結線,負荷が Z で Y 結線されている.

【解答】 (1)

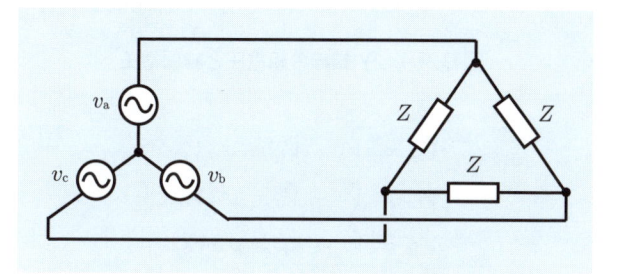

図9.9 電源が Y 結線,負荷が Z で △ 結線

(2)

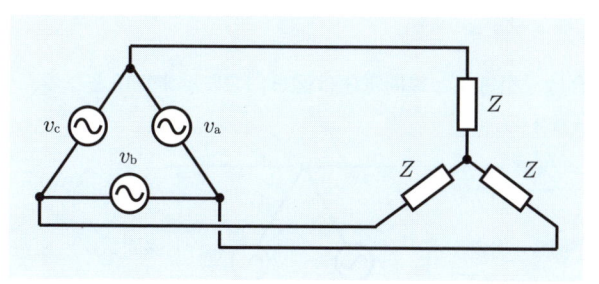

図9.10 電源が △ 結線,負荷が Z で Y 結線

──────────── 9.2 節の関連問題 ────────────

□ **9.3** 電源が Y 結線,負荷 Z が Y 結線で接続されている回路に,△ 結線の負荷 Z を並列接続した.回路図を描け.

9.3 相電圧と線間電圧

三相交流において a, b, c の各相に加わる電圧を**相電圧**，電源と負荷を結ぶ各線間に加わる電圧を**線間電圧**とよぶ．

Y 結線の場合

Y 結線の場合は，相電圧 $\dot{V}_a, \dot{V}_b, \dot{V}_c$ と線間電圧 $\dot{V}_{ab}, \dot{V}_{bc}, \dot{V}_{ca}$ は図 9.11 に示す電圧となる．

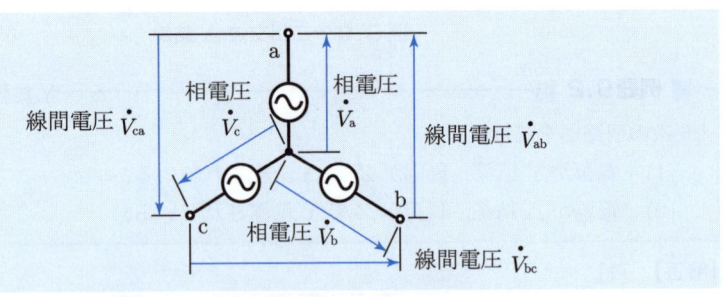

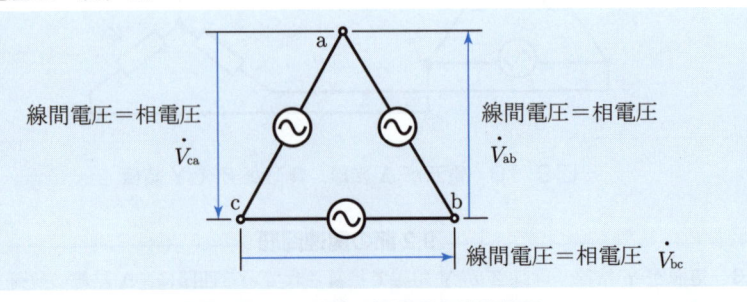

図 9.11 Y 結線の相電圧と線間電圧

一般的には

$$\begin{aligned}
\dot{V}_{ab} &= \dot{V}_a - \dot{V}_b = \sqrt{3}\,V_a \angle \tfrac{\pi}{6} \\
\dot{V}_{bc} &= \dot{V}_b - \dot{V}_c = \sqrt{3}\,V_b \angle \tfrac{\pi}{6} \\
\dot{V}_{ca} &= \dot{V}_c - \dot{V}_a = \sqrt{3}\,V_c \angle \tfrac{\pi}{6}
\end{aligned} \quad (9.3)$$

線間電圧は相電圧に対して大きさは $\sqrt{3}$ 倍となり，位相が $\tfrac{\pi}{6}$ 進む．逆に，相電圧は線間電圧に対して大きさは $\tfrac{1}{\sqrt{3}}$ 倍となり，位相が $\tfrac{\pi}{6}$ 遅れる．

Δ 結線の場合

Δ 結線の場合は，相電圧と線間電圧は図 9.12 に示す電圧となる．つまり，相電圧と線間電圧は一致する．

図 9.12 Δ 結線の相電圧と線間電圧

9.3 相電圧と線間電圧

例題9.3 ── Y結線の相電圧と線間電圧

いま，Y結線された三相電源電圧のベクトル図が図9.13に示されるものとする．線間電圧を作図せよ．

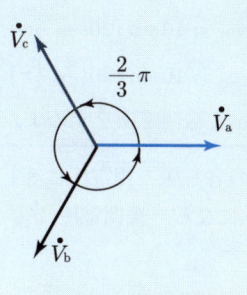

図9.13 Y結線

【解答】 a-b 間の線間電圧 $\dot{V}_{ab}$，b-c 間の線間電圧 $\dot{V}_{bc}$，c-a 間の線間電圧 $\dot{V}_{ca}$ は

$$\dot{V}_{ab} = \dot{V}_a - \dot{V}_b$$
$$\dot{V}_{bc} = \dot{V}_b - \dot{V}_c \qquad ①$$
$$\dot{V}_{ca} = \dot{V}_c - \dot{V}_a$$

となるので，図9.14のようになる．

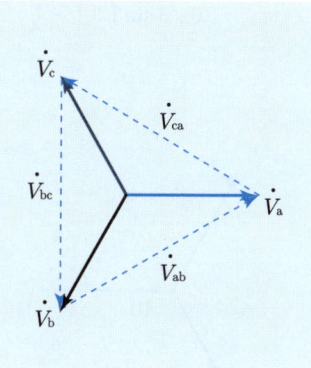

図9.14 Y結線における線間電圧ベクトル図

例題9.4　相電圧と線間電圧の関係

三相電圧

$$v_a = 10 \sin 20t$$
$$v_b = 10 \sin \left(20t - \tfrac{2}{3}\pi\right)$$
$$v_c = 10 \sin \left(20t - \tfrac{4}{3}\pi\right)$$

①

がY結線されている．相電圧と線間電圧を求めよ．

【解答】 Y結線の場合，三相の各電圧と相電圧は等しくなる．

線間電圧については次のようになる．線間電圧 $\dot{V}_{ca}$ に注目すると，図9.15に示すように $\dot{V}_{ca}$ の大きさは

$$2 \cdot 5\sqrt{3} = 10\sqrt{3} \qquad ②$$

となる．これは相電圧に対して線間電圧が $\sqrt{3}$ 倍になることを示している．

また，位相については図のように $\dot{V}_c$ に対して $\tfrac{\pi}{6}$ 進む．よって，三角関数で表記すると

$$v_{ca} = 10\sqrt{3} \sin \left(20t - \tfrac{4}{3}\pi + \tfrac{\pi}{6}\right)$$
$$= 10\sqrt{3} \sin \left(20t - \tfrac{7}{6}\pi\right) \qquad ③$$

同様にして，$\dot{V}_{ab}$ は $\dot{V}_a$，$\dot{V}_{bc}$ は $\dot{V}_b$ に対して同じ関係にあるので

$$v_{ab} = 10\sqrt{3} \sin \left(20t + \tfrac{\pi}{6}\right)$$
$$v_{bc} = 10\sqrt{3} \sin \left(20t - \tfrac{\pi}{2}\right)$$

④

となる．

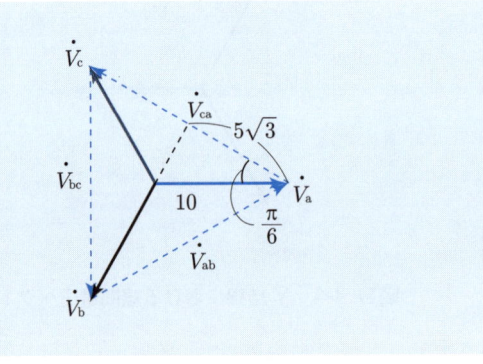

図9.15 Y結線における線間電圧ベクトル図

9.4 相電流と線電流

三相交流において a, b, c の各相に流れる電圧を**相電流**,電源と負荷を結ぶ各線に流れる電流を**線電流**とよぶ.

Y 結線の場合

Y 結線の場合は,相電流 $\dot{I}_a, \dot{I}_b, \dot{I}_c$ と線電流 $\dot{I}_{ab}, \dot{I}_{bc}, \dot{I}_{ca}$ は図9.16に示すように一致する.

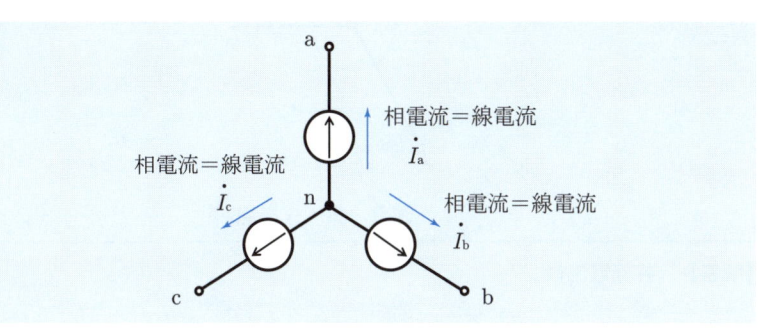

図9.16　Y 結線の相電流と線電流

△ 結線の場合

△ 結線の場合は,相電流と線電流は図9.17に示す電流となる.

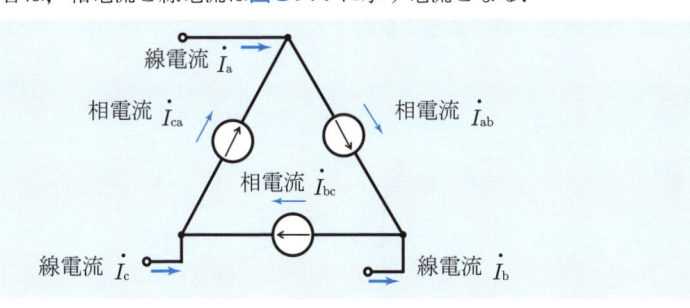

図9.17　△ 結線の相電流と線電流

一般には

$$\begin{aligned}\dot{I}_a &= \dot{I}_{ab} - \dot{I}_{ca} = \sqrt{3}\,I_{ab}\angle\left(-\tfrac{\pi}{6}\right) \\ \dot{I}_b &= \dot{I}_{bc} - \dot{I}_{ab} = \sqrt{3}\,I_{bc}\angle\left(-\tfrac{\pi}{6}\right) \\ \dot{I}_c &= \dot{I}_{ca} - \dot{I}_{bc} = \sqrt{3}\,I_{ca}\angle\left(-\tfrac{\pi}{6}\right)\end{aligned} \quad (9.4)$$

相電流は線電流に対して大きさが $\sqrt{3}$ 倍となり,位相が $\tfrac{\pi}{6}$ 遅れる.逆に線電流は相電流に対して大きさが $\tfrac{1}{\sqrt{3}}$ 倍となり,位相が $\tfrac{\pi}{6}$ 進む.

■ 例題9.5 ─────────────────── △ 結線の相電流と線電流 ─

いま，△ 結線された三相交流の相電流のベクトル図が図9.18に示されるものとする．各線電流を作図せよ．

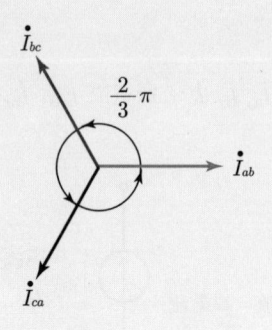

図9.18 △ 結線

【解答】 各線電流は

$$\dot{I}_\mathrm{a} = \dot{I}_\mathrm{ab} - \dot{I}_\mathrm{ca}$$
$$\dot{I}_\mathrm{b} = \dot{I}_\mathrm{bc} - \dot{I}_\mathrm{ab}$$ ①
$$\dot{I}_\mathrm{c} = \dot{I}_\mathrm{ca} - \dot{I}_\mathrm{bc}$$

となるので，図9.19のようになる．

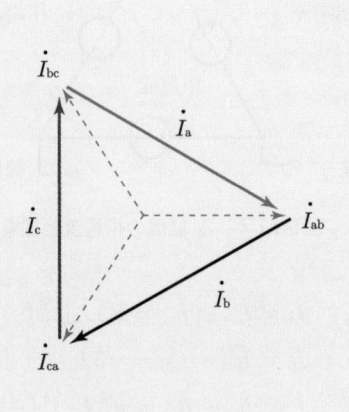

図9.19 △ 結線における線電流ベクトル図

例題9.6 — 相電流と線電流の関係

三相電流源

$$i_{ab} = 6\sin 15t$$
$$i_{bc} = 6\sin\left(15t - \tfrac{2}{3}\pi\right)$$
$$i_{ca} = 6\sin\left(15t - \tfrac{4}{3}\pi\right)$$

①

が △ 結線されている．相電流と線電流を求めよ．

【解答】 △ 結線の場合，相電流は電流源と等しくなる．

線電流については次のようになる．線電圧 $\dot{I}_a$ に注目すると，図9.20に示すように $\dot{I}_a$ の大きさは

$$2\cdot 3\sqrt{3} = 6\sqrt{3} \qquad ②$$

となる．これは相電流に対して線電流が $\sqrt{3}$ 倍になることを示している．

また，位相については図のように $\dot{I}_{ab}$ に対して $\tfrac{\pi}{6}$ 遅れる．よって，三角関数で表記すると

$$i_a = 6\sqrt{3}\sin\left(15t - \tfrac{\pi}{6}\right) \qquad ③$$

同様にして $\dot{I}_b$ は $\dot{I}_{ca}$，$\dot{I}_c$ は $\dot{I}_{bc}$ に対して同じ関係にあるので

$$i_b = 6\sqrt{3}\sin\left(15t - \tfrac{2}{3}\pi - \tfrac{\pi}{6}\right)$$
$$= 6\sqrt{3}\sin\left(15t - \tfrac{5}{6}\pi\right)$$
$$i_c = 6\sqrt{3}\sin\left(15t - \tfrac{3}{2}\pi\right) \qquad ④$$

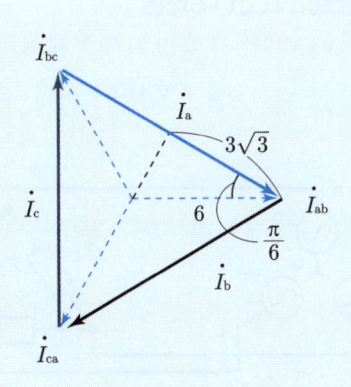

図9.20　△ 結線における線電流ベクトル図

9.5 Y負荷とΔ負荷の関係

先に学んだようにY結線とΔ結線で,加わる電圧や流れる電流が変化する.

9.5.1 負荷がY結線されている場合

図9.21のように負荷 Z_Y がY結線されている.電源と負荷の相電圧は同じであるので,負荷に流れる電流 i_Y は

$$i_Y = \frac{v}{Z_Y} \tag{9.5}$$

よって,各相の負荷 Z_Y で消費される瞬時電力 p_Y は

$$\begin{aligned} p_Y &= i_Y^2 Z_Y \\ &= \frac{v^2}{Z_Y} \end{aligned} \tag{9.6}$$

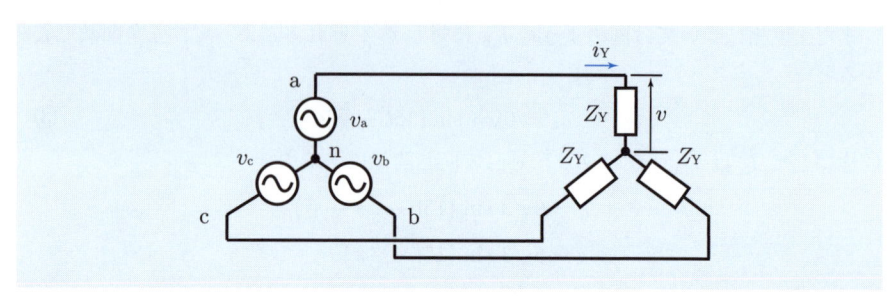

図9.21 Y負荷の接続

9.5.2 負荷がΔ接続されている場合

電源電圧 v と負荷電圧 v_Δ の関係は式 (9.3) のY結線とΔ結線の関係より

$$v_\Delta = \sqrt{3}\, v \angle \frac{\pi}{6} \tag{9.7}$$

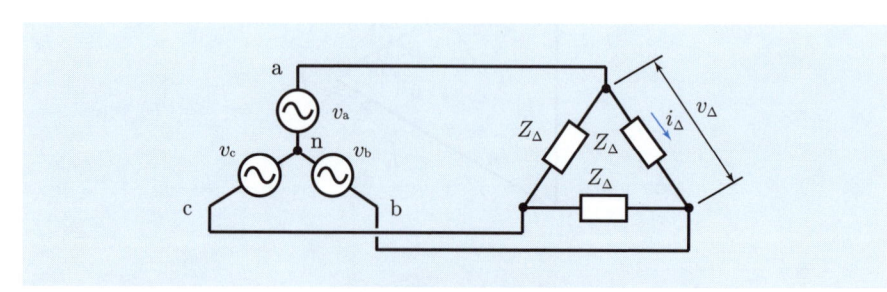

図9.22 Δ負荷の接続

つまり，各相の負荷に加わる電圧は Y 結線の場合の $\sqrt{3}$ 倍になる．よって負荷 Z_Δ に流れる電流は

$$i_\Delta = \sqrt{3}\frac{v\angle\frac{\pi}{6}}{Z_\Delta} \tag{9.8}$$

となり，Y 結線の場合の $\sqrt{3}$ 倍となる．よって，各相の負荷 Z_Δ で消費される瞬時電力 p_Δ は

$$p_\Delta = i_\Delta^2 Z_\Delta$$
$$= \frac{3(v\angle\frac{\pi}{6})^2}{Z_\Delta} \tag{9.9}$$

つまり，Y 結線に比べて Δ 結線の場合に負荷で消費される電力は 3 倍となる．

■ **例題9.7** ■ ─────────── Y 結線と Δ 結線の関係 ─

三相交流電源に負荷 $Z = 5\,[\Omega]$ が Y 結線されている．負荷の結線を Δ 結線に切り替えたとき，各負荷における次の値を求めよ．ただし，三相交流電源は波高値 10 V の正弦波とする．
(1) 負荷に加わる電圧の波高値
(2) 負荷に流れる電流の波高値
(3) 負荷で消費される最大瞬時電力

【解答】 (1) Δ 結線すると負荷に加わるのは線間電圧となるので $\sqrt{3}$ 倍になる．

$$10\cdot\sqrt{3} = 10\sqrt{3}\,[\text{V}] \qquad ①$$

(2) 加わる電圧が $\sqrt{3}$ 倍であるので

$$\frac{10\cdot\sqrt{3}}{5} = 2\sqrt{3}\,[\text{A}] \qquad ②$$

(3) 最大瞬時電力は

$$\frac{V^2}{R} = \frac{300}{5}$$
$$= 60\,[\text{W}] \qquad ③\blacksquare$$

─────────── **9.5 節の関連問題** ───────────

☐ **9.4** 負荷 $Z\,[\Omega]$ を Δ 結線し，三相交流電源（線間電圧 V）を接続した．次の問に答えよ．
(1) 負荷で消費される電力 P を求めよ．
(2) 負荷 Z を Y 結線に変える．消費される電力を求めよ．
(3) Y 結線にしても消費電力を同じにするためには，負荷をどのように変えればいいか述べよ．

9.6 対称三相交流の電力

対称三相交流電源があり，負荷 Z が接続されている．この負荷の位相角を θ とする．

$$\dot{Z} = Z\angle\theta \tag{9.10}$$

この a 相に注目して考えると

$$v_\mathrm{a} = V_\mathrm{m} \sin \omega t \tag{9.11}$$

a 相の電流は

$$i_\mathrm{a} = \tfrac{V_\mathrm{m}}{Z} \sin(\omega t - \theta)$$
$$= I_\mathrm{m} \sin(\omega t - \theta) \tag{9.12}$$

ここで，$I_\mathrm{m} = \tfrac{V_\mathrm{m}}{Z}$ とした．負荷における a 相の瞬時電力は

$$p_\mathrm{a} = V_\mathrm{m} \sin \omega t \, I_\mathrm{m} \sin(\omega t - \theta)$$
$$= \tfrac{V_\mathrm{m} I_\mathrm{m}}{2}\{\cos\theta - \cos(2\omega t - \theta)\} \tag{9.13}$$

同様にして b 相，c 相の瞬時電力は

$$p_\mathrm{b} = \tfrac{V_\mathrm{m} I_\mathrm{m}}{2}\{\cos\theta - \cos(2\omega t - \tfrac{4}{3}\pi - \theta)\}$$
$$p_\mathrm{c} = \tfrac{V_\mathrm{m} I_\mathrm{m}}{2}\{\cos\theta - \cos(2\omega t - \tfrac{8}{3}\pi - \theta)\} \tag{9.14}$$

となる．よって，三相の瞬時電力 p は

$$p = p_\mathrm{a} + p_\mathrm{b} + p_\mathrm{c}$$
$$= \tfrac{3}{2} V_\mathrm{m} I_\mathrm{m} \cos\theta \tag{9.15}$$

実効値 V と I を用いて表すと

$$p = \tfrac{3}{2}(\sqrt{2}\,V)(\sqrt{2}\,I)\cos\theta$$
$$= 3VI\cos\theta \tag{9.16}$$

となる．

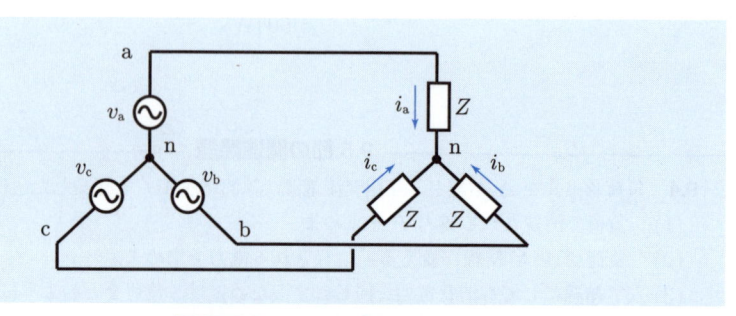

図9.23 三相交流回路

9.6 対称三相交流の電力

例題9.8 — 三相交流の電力

Y結線された波高値が 12 V の三相交流電源に Y結線された負荷 Z を接続した場合，この回路で消費される瞬時エネルギーを求めよ．ただし，$\dot{Z}=6\angle\frac{\pi}{3}$ とする．

【解答】 負荷の位相角は

$$\theta = \frac{\pi}{3}$$

であるので

$$p = \frac{3}{2}\cdot 12 \cdot \frac{12}{6}\cos\frac{\pi}{3}$$
$$= 18\,[\text{W}] \qquad ①$$

となる．

9.6節の関連問題

□ **9.5** 図1のような回路がある．相電圧

$$v_a = v_b = v_c = 200\,[\text{V}]$$

で，$R = 2\,[\Omega]$ とする．次の問に答えよ．
(1) 各相のインピーダンスを求めよ．
(2) 各相で消費される電力 P を求めよ．

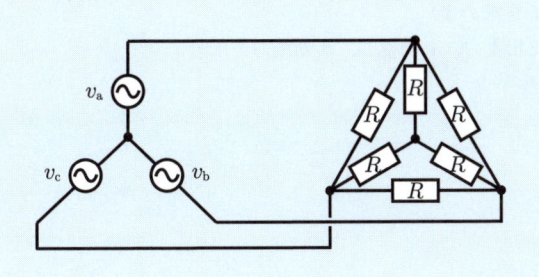

図1

9章の問題

1 実効値が $100\sqrt{2}\,[\text{V}]$，電源周波数が $60\,[\text{Hz}]$ の三相交流電圧源がある．次の問に答えよ．
 (1) 電源の式を書け．
 (2) 電源を Y 結線し，Y 結線された負荷を接続する．負荷が $5\,[\Omega]$ のときの相電流および線電流の実効値を求めよ．また，回路で消費される電力を求めよ．
 (3) 電源を Δ 結線した．負荷が同じ場合，相電流および線電流の実効値を求めよ．また，回路で消費される電力を求めよ．

2 下図のような回路がある．次の問に答えよ．
 (1) 負荷を Y 結線で等価回路化した図を描け．
 (2) 負荷の合成抵抗を求めよ．

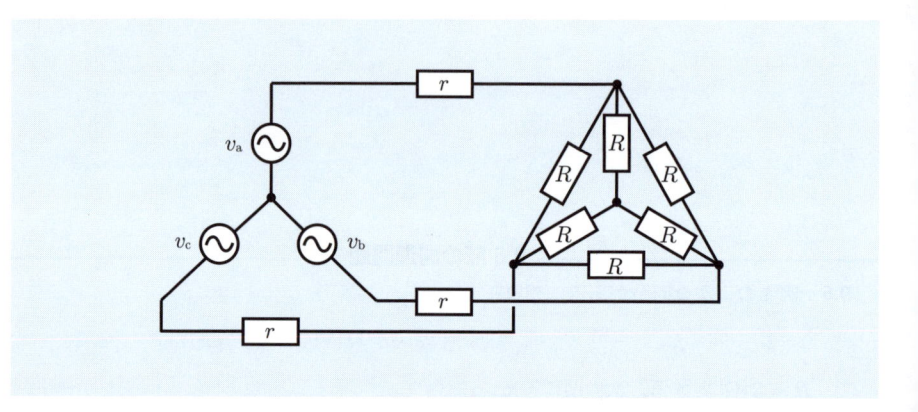

3 Δ 結線された負荷 Z がある．$Z = 4 + j3\,[\Omega]$，線間電圧が $200\,\text{V}$ であるとき，次の問に答えよ．
 (1) 相電流 I を求めよ．
 (2) 負荷の皮相電力，有効電力，無効電力を求めよ．

4 下図のような回路がある．$Z_1 = j4$, $Z_2 = 9\,[\Omega]$ のとき，次の問に答えよ．なお，電源の各相電圧 $V = 300\,[\text{V}]$ とする．

(1) 各相のインピーダンスを求めよ．ただし，Y 結線に等価変換せよ．
(2) 線電流 I を求めよ．
(3) 皮相電力，有効電力を求めよ．
(4) 各相のインピーダンスを Δ 結線で等価変換しても同じ答えが得られることを確認せよ．

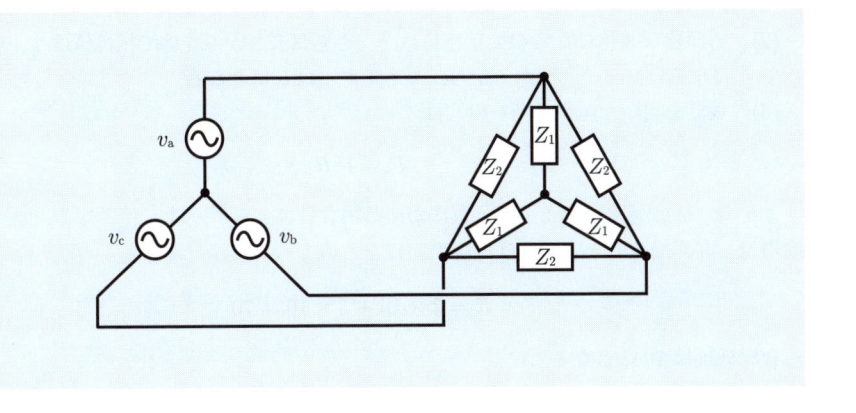

問 題 解 答

1章

▶関連問題の解答

■ **1.1** (1) この抵抗の抵抗値は $R = \rho\frac{L}{S}$ であるので
$$P = \frac{V^2}{R} = \frac{V^2 S}{\rho L}$$

(2) 断面積が3倍になるので抵抗値は $\frac{1}{3}$，さらに長さが 0.5 倍で抵抗値は $\frac{1}{2}$，合わせて $\frac{1}{6}$ になる．$P = \frac{V^2}{R}$ であるから，エネルギーは 6 倍となる．

(3) 電流を用いたエネルギーの式は
$$P = I^2 R$$

となる．抵抗が $\frac{1}{6}$ になるので，電流が同じ場合はエネルギーは $\frac{1}{6}$ 倍となる．

■ **1.2** 直列接続の合成抵抗は抵抗の和になるので
$$R = 2 \times 10 + 5 \times 10 = 70$$

合成抵抗は $70\,\Omega$ となる．

■ **1.3** 並列接続の合成抵抗の逆数は，各抵抗の逆数の和となる．接続する順序は関係ないので
$$\tfrac{1}{R} = \left(\tfrac{1}{1} + \tfrac{1}{2}\right) \cdot 5 = \tfrac{15}{2}$$

合成抵抗は $\frac{2}{15}\,\Omega$ となる．

■ **1.4** まず，並列部の合成抵抗は $\frac{2 \cdot 3}{2+3} = \frac{6}{5}\,[\Omega]$．直列の抵抗を加えて
$$5 + \tfrac{6}{5} = 6.2\,[\Omega]$$

■ **1.5** (1) コイルに加わる電圧 $V = L\frac{dI}{dt}$ である．$\frac{dI}{dt} = 4$ であるので
$$V_1 = 5 \times 10^{-3} \cdot 4 = 0.02\,[\text{V}]$$
$$V_2 = 10 \times 10^{-3} \cdot 4 = 0.04\,[\text{V}]$$

(2) L_1 と L_2 は直列接続されているので，その合成インダクタンスは
$$L = 5 + 10 = 15\,[\text{mH}]$$

よって，加わる電圧は
$$V = L\tfrac{dI}{dt} = 15 \times 10^{-3} \cdot 4 = 0.06\,[\text{V}]$$

これは V_1 と V_2 の和に一致する．

■ **1.6** (1)　$Q = CV$ より

$$V = \frac{Q}{C} = \frac{32 \times 10^{-6}}{8 \times 10^{-6}} = 4\,[\text{V}]$$

(2)
$$P_C = \tfrac{1}{2}CV^2 = \tfrac{1}{2} \cdot 8 \times 10^{-6} \cdot 4^2 = 64 \times 10^{-6}\,[\text{J}]$$

(3)　直列接続の合成キャパシタンスは逆数の和から求められる．

$$\frac{1}{C} = \frac{1}{8 \times 10^{-6}} \cdot 3 = \frac{3}{8 \times 10^{-6}}$$

より，$\frac{8}{3}\,\mu\text{F}$ となる．

並列接続の合成キャパシタンスは和であるので

$$C = 3 \cdot 8 \times 10^{-6} = 24 \times 10^{-6}$$

よって，$24\,\mu\text{F}$ となる．

▶章末問題の解答

■ **1** (1)　$3\,\Omega$ の並列部の合成抵抗は $\frac{3}{2}\,\Omega$ となる．さらに，右側の $4\,\Omega$ を合成して

$$\tfrac{3}{2} + 4 = \tfrac{11}{2}\,[\Omega]$$

左側の $4\,\Omega$ との並列の合成で，$\frac{44}{19}\,\Omega$ を得る．

(2)　回路は**解図1**のように変形できる．破線部は平衡しているので，× 印のところには電流は流れない．つまり，抵抗を削除してよい．よって，破線部の合成抵抗は R となり，残りの R との並列合成で $\frac{R}{2}$ を得る．

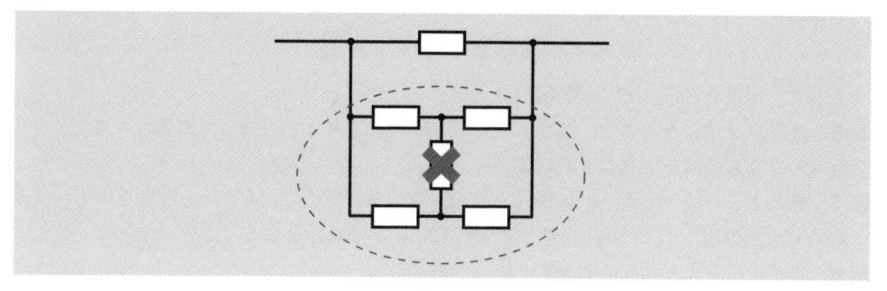

解図1

(3)　右側の3つの抵抗は直列であるので合成抵抗は $3R$．これと R の並列合成は $\frac{3}{4}R$ となる．残りのコイルに対しても同様にして，直列部が

$$\tfrac{3}{4}R + 2R = \tfrac{11}{4}R$$

これと左端のコイルの合成抵抗で $\frac{11}{15}R$ を得る．

(4) 左側の3つの抵抗を除いた合成抵抗を Z_t とする．すると，2つの R と Z_t が直列に接続したものと，R の並列回路となり，合成抵抗 Z は次式で表される．

$$Z = \frac{R(2R+Z_t)}{R+(2R+Z_t)} \qquad ①$$

この梯子型抵抗が無限に続くので，全体の合成抵抗 $Z = Z_t$ としても問題ない．式①に代入して，整理すると

$$Z^2 + 2RZ - 2R^2 = 0$$

より

$$Z = -R \pm \sqrt{R^2 + 2R^2} = -R \pm \sqrt{3}R$$

$Z > 0$ であるので，合成抵抗は $Z = (-1+\sqrt{3})R$ となる．

■**2** (1) 断面積に反比例，長さに比例する．$\frac{4}{2} = 2$ 倍となる．
(2) $E = \frac{V^2}{R}$ より，抵抗が2倍になるので，エネルギーは $\frac{1}{2}$ 倍となる．
(3) 電流が同じであるので，電流を用いたエネルギーの式より $E = I^2 R$．つまり，エネルギーは2倍となる．

■**3** 平行平板電極のキャパシタンス $C = \frac{\varepsilon S}{d}$ であるので，表面積 S を変えて3倍にするには表面積を3倍にすればよい．電極間距離 d を変化させる場合は，距離を $\frac{1}{3}$ にすればよい．

■**4** コイルの合成は抵抗と同じ手順で行えばよい．この回路は 2mH と 4mH の並列回路となるので

$$\frac{2 \cdot 4}{2+4} = \frac{4}{3} \, [\text{mH}]$$

■**5** コンデンサの合成は抵抗やコイルの逆となる．$2\mu\text{F}$ と $8\mu\text{F}$ の並列部の合成キャパシタンスは $2+8 = 10\,[\mu\text{F}]$ となる．そして $1\mu\text{F}$ と $10\mu\text{F}$ と $1\mu\text{F}$ の直列回路になるので，全体のキャパシタンス C は

$$\frac{1}{C} = \frac{1}{1} + \frac{1}{10} + \frac{1}{1} = \frac{21}{10}$$

よって，逆数をとって $C = \frac{10}{21}\,[\mu\text{F}]$ となる．

■**6** 電圧が2倍になるので，消費エネルギーは $\frac{V^2}{R}$ より4倍となる．消費エネルギーを一致させるなら抵抗を4倍にすればよい．

■**7** 電力 $P = \frac{V^2}{R} = \frac{24^2}{12} = 48\,[\text{W}]$ となる．電力量は電力を加えている時間を乗ずればよいので，$2\,[\text{分間}] = 120\,[\text{sec}]$ を乗じて $48 \cdot 120 = 5760\,[\text{J}]$ となる．

■**8** コイルに蓄えられるエネルギーは

$$\tfrac{1}{2}LI^2 = \tfrac{1}{2} \cdot 5 \times 10^{-3} \cdot 3^2 = 22.5 \times 10^{-3}\,[\text{J}]$$

同じコイルを直列に接続すると，インダクタンスが2倍になるので

$$22.5 \times 10^{-3} \cdot 2 = 45 \times 10^{-3}\,[\text{J}]$$

■**9** コンデンサに蓄えられるエネルギーは

$$\tfrac{1}{2}CV^2 = \tfrac{1}{2} \cdot 3 \times 10^{-6} \cdot 6^2 = 54 \times 10^{-6}\,[\text{J}]$$

となる．同じコンデンサを並列接続した場合はキャパシタンスが 2 倍になるので 108×10^{-6} J となる．

2章
▶関連問題の解答

■ **2.1** 電圧計で計測できる範囲を V とする．計測したい範囲は mV となるので，倍率器に加わる電圧は
$$mV - V = (m-1)V$$
となる．電圧計に流れる電流は $\frac{V}{R_\mathrm{m}}$ で，倍率器に流れる電流と同じになるので
$$R = \frac{(m-1)V}{\frac{V}{R_\mathrm{m}}} = (m-1)R_\mathrm{m}$$

■ **2.2** ここでは接点が 2 つあるため，まず接点 1 に対してキルヒホフの第一法則を適用する．接点 1 に流れ込む向きを +，出ていく向きを − にする．接点 1 から接点 2 に向かう電流を I_{12} とすると
$$-1 - 5 - I_{12} + 2 + 6 = 0$$
より，$I_{12} = 2\,[\mathrm{A}]$ となる．同様に接点 2 について考えると
$$3 - 6 - 2 + I - 1 + I_{12} = 0$$
なので，$I = 4\,[\mathrm{A}]$ と求められる．

■ **2.3** 左側の閉ループについて電圧則を適用すると
$$12 - 8 - 2(I_1 - I_2) - 5I_1 = 0$$
右側の閉ループについては
$$8 - 4I_2 - 2(I_2 - I_1) = 0$$
この連立方程式を解けばよい．よって，$I_1 = \frac{20}{19}$, $I_2 = \frac{32}{19}\,[\mathrm{A}]$ となる．

■ **2.4** 回路は**解図2**のように 2 つに分けることができる．電圧源を含む回路は $4\,\Omega$ と $6\,\Omega$ の直列接続であるので，$6\,\Omega$ の抵抗に流れる電流は
$$\frac{10}{4+6} = 1$$

電流源を含む回路は，電流源に対して $4\,\Omega$ と $6\,\Omega$ の並列接続になるので，$6\,\Omega$ に流れる電流は
$$\frac{4}{4+6} \cdot 4 = \frac{8}{5}$$
よって，$6\,\Omega$ に流れる電流は $1 + \frac{8}{5} = \frac{13}{5}\,[\mathrm{A}]$ となる．

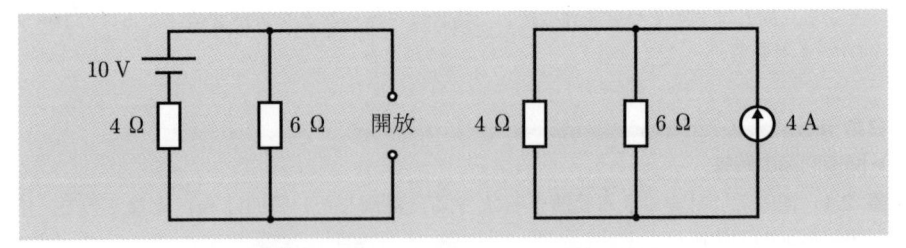

解図2 重ね合わせの理による回路の分解

■ **2.5** 破線の部分で回路を切り取る．内部電圧源の大きさ V_0 は
$$V_0 = \left(\frac{20}{10+20} - \frac{5}{10+5} \right) \cdot 60 = 20$$

内部抵抗 R_0 は
$$R_0 = \frac{10 \cdot 20}{10+20} + \frac{10 \cdot 5}{10+5} = 10$$

したがって，電流 I は
$$I = \frac{20}{10+40} = 0.4 \,[\text{A}]$$

■ **2.6** (1) ブリッジ回路の平衡条件の式 (2.7) を変形して
$$R_3 = \frac{R_2}{R_1} R_4 = \frac{20}{2} \cdot 3 = 30 \,[\Omega]$$

(2) 平衡条件の式から $\frac{R_2}{R_1}$ の値が可変抵抗の測定範囲を変化させることが分かる．可変抵抗は $10\,\Omega$ までであるので，$\frac{R_2}{R_1} = 20$ となるように定めれば $200\,\Omega$ まで計測できる．よって，例えば R_2 を 2 倍，または R_1 を $\frac{1}{2}$ 倍にすればよい．

(3) 同様に，可変抵抗 R_4 の測定範囲を $\frac{1}{10}$ 倍にすればよい．いま，$\frac{R_2}{R_1} = 10$ であるので，それを $\frac{1}{10}$ にする必要がある．よって，R_1 を 100 倍にすればよい．さらに R_3 が小さければ R_1 をさらに大きくすれば計測できる．

▶章末問題の解答

■ **1** (1) 回路に流れる電流は
$$I = \frac{E}{R+r}$$

(2) 抵抗で消費される電力 P は
$$P = RI^2 = R \left(\frac{E}{R+r} \right)^2$$

(3) 抵抗で消費される電力 P が最大になるためには，P を R の関数とみた場合に，P が極大値をとる値を求めればよい．つまり，$\frac{dP}{dR} = 0$ を満たせばよいので
$$\frac{dP}{dR} = \frac{(r+R)^2 - 2R(R+r)}{(R+r)^4} E^2$$

の分子がゼロになればよい．

$$r^2 + 2rR + R^2 - 2rR - 2R^2 = r^2 - R^2 = 0$$

これを満たすのは $R = r$ のとき，つまり抵抗 R が内部抵抗 r に等しいときである．

■**2** (1) 電源から出る電流を求めるために，回路全体の合成抵抗を求める．$20\,\Omega$ の並列部の合成抵抗は $\frac{20 \cdot 20}{20+20} = 10\,[\Omega]$ である．よって，$10\,\Omega$ を 2 個直列に接続することになるので

$$10 + 10 = 20\,[\Omega]$$

したがって，電源から流れ出る電流は $\frac{10}{20} = 0.5\,[\text{A}]$ となる．以降は直観的に解くと，$20\,\Omega$ の並列回路は同じ抵抗に分流するので，それぞれ $0.25\,\text{A}$ 流れ，合流後の $10\,\Omega$ には $0.5\,\text{A}$ 流れることになる．よって，$20\,\Omega$ の抵抗では

$$0.25^2 \cdot 20 = 1.25\,[\text{W}]$$

$10\,\Omega$ の抵抗では

$$0.5^2 \cdot 10 = 2.5\,[\text{W}]$$

のエネルギーが消費される．

(2) 並列回路で短絡が発生すると，短絡していない抵抗には電流が流れない．つまり，$10\,\Omega$ の抵抗のみが機能する．抵抗に流れる電流は $\frac{10}{10} = 1\,[\text{A}]$．よって，$10\,\Omega$ の抵抗では $1^2 \cdot 10 = 10\,[\text{W}]$ の電力が消費され，短絡した $20\,\Omega$，および短絡していない $20\,\Omega$ では消費エネルギーはゼロになる．

■**3** キルヒホフの法則を用いた解法を示す．図に示す電流ループについて回路方程式を作成する．

$$\begin{cases} -13 + 1 \cdot I_1 + 1 \cdot (I_1 - I_3) + 8(I_1 - I_2) = 0 \\ 3I_2 + 2(I_2 - I_3) + 8(I_2 - I_1) = 0 \\ 4I_3 - 2(I_3 - I_2) + 1 \cdot (I_3 - I_1) = 0 \end{cases}$$

これを解いて，$I_1 = 3, I_2 = 2, I_3 = 1\,[\text{A}]$ となる．

■**4** (1) 接点 1 から接点 2 に流れる電流を I_{12} とする．接点 1 についてキルヒホフの第一法則を適用して

$$2 + 4 + I_{12} = 4 + I_1$$

より

$$I_{12} = 4 + I_1 - 2 - 4 = I_1 - 2 > 0$$

よって，$I_1 > 2\,[\text{A}]$ となる．

(2) 接点 1 から 2 に電流 I_{12} が流れているとする．接点 2 について

$$6 + 2 + 1 = I_{12} + 4 + I_2$$

より

$$I_2 = 6 + 2 + 1 - I_{12} - 4 = 5 - I_{12} > 0$$

さらに，(1) より $I_{12} = I_1 - 2$ であるので

$$I_2 = 5 - I_{12} = 5 - I_1 + 2 = 7 - I_1 > 0$$

つまり，$I_1 < 7\,[\mathrm{A}]$ となる．

■**5** この回路網に対して，キルヒホフの第二法則を適用する．

$$V_1 - I_1 R_1 - I_2 R_2 + I_3 R_3 - V_2 + I_4 R_4 = 0$$

に代入して，$R_4 = 5\,[\Omega]$ を得る．

■**6** 電圧計には非常に大きい内部抵抗，電流計には非常に小さい内部抵抗が存在していることに注意する．よって，この2つの回路では R に加わる電圧，流れる電流が変化する．基本的には抵抗に加わる電圧を正確に計測したいときは (a) の測定回路，電流を正確に測定したいときは (b) の測定回路を構成すればよい．

■**7** **解図3**のような回路構成をとる．今の状態は OFF 状態であるが，この状態からスイッチ A，スイッチ B のどちらを切り替えても回路が ON 状態になる．また，ON 状態からどちらのスイッチを切り替えても OFF 状態になる．

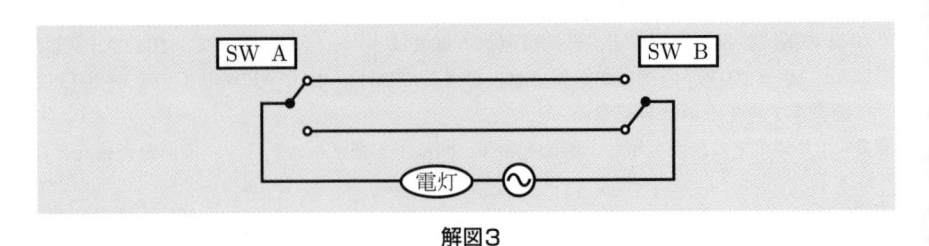

解図3

3章

▶**関連問題の解答**

■**3.1** 両者とも半周期について考えればよい（残りは t 軸について対象である）．

三角波について，電圧と時間の関係は

$$v = 8t \qquad (0 \leq t \leq 2)$$
$$v = 16 - 8(t - 2)$$
$$ = 32 - 8t \qquad (2 \leq t \leq 4)$$

方形波については

$$v = 16 \quad (0 \leq t \leq 4)$$

を用いて考えればよい．また，双方とも半周期で反転しているので，全周期の半分の区間，つまり 0 から 4 sec の区間について考えればよい．

(1) 〔三角波〕 $t=0$ から $4\,\text{sec}$ の半周期について計算すればよいので,式 (3.4) の T に $\frac{8}{2}=4$ を代入.

$$V_\text{a} = \frac{1}{T}\int_0^T vdt = \frac{1}{4}\left(\int_0^2 8t\,dt + \int_2^4 32-8t\,dt\right)$$
$$= \frac{1}{4}\left(4[t^2]_0^2 + 32[t]_2^4 - 4[t^2]_2^4\right) = 8$$

よって,$8\,\text{V}$ となる.

【別解】 積分値はグラフの三角形の面積であるので,三角形の面積を 4 で割ることでも求まる.

〔方形波〕

$$V_\text{a} = \frac{1}{4}\int_0^4 16\,dt = \frac{1}{4}[16t]_0^4 = 16$$

よって,$16\,\text{V}$ となる.

【別解】 積分値はグラフの面積であるので,方形波は長方形を 4 で割ることでも求まる.

(2) 〔三角波〕

$$V = \sqrt{\frac{1}{4}\left\{\int_0^2 (8t)^2 dt + \int_2^4 (32-8t)^2 dt\right\}}$$
$$= \sqrt{\frac{1}{4}\left(\left[\frac{64}{3}t^3\right]_0^2 + 64\left[\frac{1}{3}t^3 - 4t^2 + 16t\right]_2^4\right)}$$
$$= \sqrt{\frac{16^2}{3}} = \frac{16}{\sqrt{3}}$$

よって,$\frac{16}{\sqrt{3}}\,\text{V}$ となる.

〔方形波〕

$$V = \sqrt{\frac{1}{4}\left\{\int_0^4 (16)^2 dt\right\}} = \sqrt{64[t]_0^4} = 16$$

よって,$16\,\text{V}$ となる.

■ **3.2** $v_1 = V_\text{m}\sin\omega t$ であるので

$$v_2 = V_\text{m}\sin\left(\omega t - \tfrac{2}{3}\pi\right)$$
$$v_3 = V_\text{m}\sin\left(\omega t - \tfrac{4}{3}\pi\right)$$

v_3 を書き換える.sin は周期関数であるので,2π を加えても値は同じであることに注意して

$$v_3 = V_\text{m}\sin\left(\omega t - \tfrac{4}{3}\pi\right)$$
$$= V_\text{m}\sin\left(\omega t - \tfrac{4}{3}\pi + 2\pi\right)$$
$$= V_\text{m}\sin\left(\omega t + \tfrac{2}{3}\pi\right)$$

つまり，v_3 は v_1 に対して $\frac{2}{3}\pi$ 進むことになり，v_1 から見れば v_3 は $\frac{2}{3}\pi$ 遅れることになる．よって，v_1, v_2, v_3 はベクトルが $\frac{2}{3}\pi$ ずつずれる形になり，**対称三相交流**とよばれる形になる．

■ **3.3** (1) $20\left(\cos\frac{\pi}{3} + j\sin\frac{\pi}{3}\right) = 10 + j10\sqrt{3}$

(2) $10\left\{\cos\left(-\frac{\pi}{6}\right) + j\sin\left(-\frac{\pi}{6}\right)\right\} = 5 - j5\sqrt{3}$

(3) $15\left(\cos\frac{\pi}{4} + j\sin\frac{\pi}{4}\right) = \frac{15}{2}\sqrt{2} + j\frac{15}{2}\sqrt{2}$

■ **3.4** (1) まず，それぞれのフェーザ角 θ を $\tan\theta$ から求めればよい．

$$\tan\theta = \frac{-7\sqrt{3}}{7}$$
$$= -\sqrt{3}$$

よって，$\theta = -\frac{\pi}{3}$ となる．大きさは

$$\sqrt{7^2 + (7\sqrt{3})^2} = 14$$

より，$14\angle\left(-\frac{\pi}{3}\right)$ となる．

(2)
$$\tan\theta = \frac{-5\sqrt{2}}{5\sqrt{2}} = -1$$

よって，$\theta = -\frac{\pi}{4}$ となる．大きさは

$$\sqrt{(5\sqrt{2})^2 + (5\sqrt{2})^2} = 10$$

より，$10\angle\left(-\frac{\pi}{4}\right)$ となる．

(3)
$$\tan\theta = \frac{10}{10\sqrt{3}}$$
$$= \frac{1}{\sqrt{3}}$$

よって，$\theta = \frac{\pi}{6}$ となる．大きさは

$$\sqrt{(10\sqrt{3})^2 + 10^2} = 20$$

より，$20\angle\frac{\pi}{6}$ となる．

■ **3.5** (1) 三角関数のままでは計算をするのが面倒であるため，フェーザ表示もしくは複素数表示にして計算するのがよい．ここでは先に述べたように乗除算が簡単であるフェーザ表示を用いる．

$$v = 5\sin\left(20t + \frac{\pi}{3}\right)$$

より

$$\dot{V} = 5\angle\frac{\pi}{3}$$

また
$$i = 2\sin\left(20t - \tfrac{\pi}{3}\right)$$
より
$$\dot{I} = 2\angle\left(-\tfrac{\pi}{3}\right)$$
よって
$$\tfrac{\dot{V}}{\dot{I}} = \tfrac{5\angle\tfrac{\pi}{3}}{2\angle\left(-\tfrac{\pi}{3}\right)} = \tfrac{5}{2}\angle\left\{\tfrac{\pi}{3} - \left(-\tfrac{\pi}{3}\right)\right\} = \tfrac{5}{2}\angle\tfrac{2}{3}\pi$$

元の表示にすれば $\tfrac{5}{2}\sin(20t + \tfrac{2}{3}\pi)$ となる.

(2)
$$\dot{V}\dot{I} = \left(5\angle\tfrac{\pi}{3}\right)\left\{2\angle\left(-\tfrac{\pi}{3}\right)\right\}$$
$$= 10\angle\left\{\tfrac{\pi}{3} + \left(-\tfrac{\pi}{3}\right)\right\} = 10\angle 0$$

元の表示にすれば $10\sin 20t$ となる.

■ **3.6** (1) $e^{j\pi/6} = \cos\tfrac{\pi}{6} + j\sin\tfrac{\pi}{6} = \tfrac{\sqrt{3}}{2} + j\tfrac{1}{2}$
(2) $e^{j\pi/2} = \cos\tfrac{\pi}{2} + j\sin\tfrac{\pi}{2} = j$
(3) $e^{-j2\pi/3} = \cos\left(-\tfrac{2}{3}\pi\right) + j\sin\left(-\tfrac{2}{3}\pi\right) = -\tfrac{1}{2} - j\tfrac{\sqrt{3}}{2}$

■ **3.7** (1)
$$v = 10\left(\tfrac{1}{2} + j\tfrac{\sqrt{3}}{2}\right) = 10\left(\cos\tfrac{\pi}{3} + j\sin\tfrac{\pi}{3}\right)$$

よって,$\theta = \tfrac{\pi}{3}$ となるので
$$v = 10e^{j\pi/3}$$

(2) $\cos\theta = -\tfrac{1}{2}, \sin\theta = -\tfrac{\sqrt{3}}{2}$ を満たすのは $\theta = -\tfrac{2\pi}{3}$ であるから
$$v = e^{-j2\pi/3}$$

(3) $-3 = 3\sin\theta$ と考えられるので,$\cos\theta = 0, \sin\theta = -1$ である.これを満たすのは,$\theta = -\tfrac{\pi}{2}$ であるから
$$i = e^{-j\pi/2}$$

■ **3.8** (1) 条件より,電圧の式は
$$v = 10\sin 30t\,[\text{V}]$$

(2) 抵抗のインピーダンスは $2\,\Omega$ で,位相が変化しないため
$$i = \tfrac{10}{2}\sin 30t = 5\sin 30t\,[\text{A}]$$

■ **3.9** (1) 条件より電圧の式は
$$v = 8\sin 100t\,[\text{V}]$$

(2) コイルのインピーダンスは

$$\omega L = 4 \times 10^{-3} \cdot 100 = 0.4$$

よって, 最大値は $\frac{8}{0.4} = 20$ [A]

(3) コイルに流れる電流は, 電圧に対して位相が $\frac{\pi}{2}$ 遅れるので

$$i = 20\sin\left(100t - \frac{\pi}{2}\right) \text{ [A]}$$

(4) 電源の角周波数が $\frac{1}{10}$ 倍になるということはインピーダンスも $\frac{1}{10}$ 倍となる. よって, 電流の最大値は 10 倍となるので

$$i = 200\sin\left(10t - \frac{\pi}{2}\right) \text{ [A]}$$

■ **3.10** (1) 条件より, 電圧の式は

$$v = 20\sin 200t \text{ [V]}$$

(2) コンデンサのインピーダンスは

$$\frac{1}{\omega C} = \frac{1}{200 \cdot 0.05} = 10$$

よって, 最大値は $\frac{20}{10} = 2$ [A]

(3) コンデンサに流れる電流は, 電圧に対して位相が $\frac{\pi}{2}$ 進むので

$$i = 2\sin\left(200t + \frac{\pi}{2}\right) \text{ [A]}$$

(4) 電源の角周波数が 20 倍になるということはインピーダンスは $\frac{1}{20}$ 倍となる. よって, 電流の最大値は 20 倍となるので

$$i = 40\sin\left(4000t + \frac{\pi}{2}\right) \text{ [A]}$$

■ **3.11** (1)
$$\dot{Z}_1 + \dot{Z}_2 = 2 + j2 + 1 - j = 3 + j$$

(2) 並列接続であるので, 逆数の和を求め, その逆数をとればよい.

$$\frac{1}{\dot{Z}_1} + \frac{1}{\dot{Z}_2} = \frac{1}{2+j2} + \frac{1}{1-j} = \frac{2-j2}{8} + \frac{1+j}{2}$$
$$= \frac{6+j2}{8} = \frac{3+j}{4}$$

その逆数をとればよいので

$$\frac{4}{3+j} = \frac{4(3-j)}{(3+j)(3-j)} = \frac{4(3-j)}{10} = \frac{6-j2}{5}$$

(3) 直列接続の合成インピーダンスの逆数をとればよい.

$$\frac{1}{\dot{Z}_1 + \dot{Z}_2} = \frac{1}{3+j} = \frac{3-j}{(3+j)(3-j)} = \frac{3-j}{10}$$

問 題 解 答　　　　　　163

▶章末問題の解答

■1 (1) $f = \frac{1}{T} = 0.1\,[\text{Hz}]$
(2) $\omega = 2\pi f = 0.2\pi\,[\text{rad/s}]$
(3) $v = 5\sin 0.2\pi t\,[\text{V}]$

■2 (1) $v = 8\sin 10t\,[\text{V}]$
(2) v を積分して平均をとればよいので
$$V_\mathrm{a} = \tfrac{1}{\pi}\int_0^\pi V_\mathrm{m}\sin\omega t\,d(\omega t)$$
$$= -\tfrac{1}{\pi}V_\mathrm{m}[\cos\omega t]_0^\pi = \tfrac{2}{\pi}V_\mathrm{m} = \tfrac{2}{\pi}\cdot 8 = \tfrac{16}{\pi}\,[\text{V}]$$

(3) 実効値は値を 2 乗したものを積分し，周期で除したものの平方をとったものであるから
$$V = \sqrt{\tfrac{1}{\pi}\int_0^\pi (V_\mathrm{m}\sin\omega t)^2 d(\omega t)}$$
$$= \sqrt{\tfrac{V_\mathrm{m}^2}{\pi}\int_0^\pi \tfrac{1-\cos 2\omega t}{2}d(\omega t)}$$
$$= \sqrt{\tfrac{V_\mathrm{m}^2}{2\pi}\left[\omega t - \tfrac{1}{2}\sin 2\omega t\right]_0^\pi}$$
$$= \tfrac{V_\mathrm{m}}{\sqrt{2}} = \tfrac{8}{\sqrt{2}} = 4\sqrt{2}\,[\text{V}]$$

(4) (2), (3) の結果を見てわかるように，平均値や実効値は周波数には関係しない．最大値とその波形の形状（正弦波，三角波，方形波など）によって，値が決定するものである．

■3
$$v_a = 100\sin 2\pi\cdot 60t = 100\sin 120\pi t\,[\text{V}]$$
$$v_1 = 100\sin\left(120\pi t - \tfrac{1}{2}\pi\right)\,[\text{V}]$$
$$v_2 = 100\sin\left(120\pi t + \tfrac{1}{3}\pi\right)\,[\text{V}]$$

■4 (1) コイルのリアクタンスは $X_L = j\omega L = j20\,[\Omega]$ となる．
(2) コイルに流れる電流 i_L は電圧に対して $\tfrac{\pi}{2}$ 遅れるので
$$i_L = \tfrac{v}{X_L} = 50\sin\left(200t - \tfrac{\pi}{2}\right)\,[\text{A}]$$

■5 (1) コンデンサに並列に $50\,\mu\text{F}$ のコンデンサを追加接続すればよい．
(2) $X_C = \tfrac{1}{\omega C}$ なので
$$\tfrac{1}{\omega\cdot 100\times 10^{-6}} = 100$$
よって，$\omega = 100\,[\text{rad/s}]$ となる．
(3) 電源電圧 $v = 20\sin 100t$ となるので，コンデンサに流れる電流 i_C は
$$i_C = \tfrac{v}{X_C} = 0.2\sin\left(100t + \tfrac{\pi}{2}\right)\,[\text{A}]$$

■ 6 (1) インピーダンス $X_L = 25 \times 10^{-3} \cdot 400 = 10\,[\Omega]$. よって
$$i = \tfrac{100}{10} \sin\left(400t - \tfrac{\pi}{2}\right) = 10\sin\left(400t - \tfrac{\pi}{2}\right)\,[\text{A}]$$
(2) インピーダンス $X_C = \frac{1}{100\times 10^{-3}\cdot 400} = \frac{1}{40}\,[\Omega]$. よって
$$i = \tfrac{100}{\frac{1}{40}} \sin\left(400t + \tfrac{\pi}{2}\right)$$
$$= 4000\sin\left(400t + \tfrac{\pi}{2}\right)\,[\text{A}]$$

■ 7 (1) インピーダンス $X_L = 5\times 10^{-3}\cdot 1000 = 5\,[\Omega]$. よって
$$v = 5\cdot 10 \sin\left(1000t + \tfrac{\pi}{2}\right)$$
$$= 50\sin\left(1000t + \tfrac{\pi}{2}\right)\,[\text{V}]$$
(2) インピーダンス $X_C = \frac{1}{10\times 10^{-6}\cdot 1000} = 100\,[\Omega]$. よって
$$v = 100\cdot 10 \sin\left(1000t - \tfrac{\pi}{2}\right)$$
$$= 1000\sin\left(1000t - \tfrac{\pi}{2}\right)\,[\text{V}]$$

■ 8 (1)
$$Z = Z_1 + Z_2 + Z_3 = 11 + j$$
(2)
$$Y = \tfrac{1}{Z_1} + \tfrac{1}{Z_2} + \tfrac{1}{Z_3}$$
$$= \tfrac{3-j}{10} + \tfrac{3+j}{20} + \tfrac{1-j}{4} = \tfrac{7-j3}{10}$$
(3) 合成インピーダンスは
$$\tfrac{Z_1 Z_2}{Z_1+Z_2} + Z_3 = \tfrac{20}{9-j} + 2 + j2 = \tfrac{172}{41} + j\tfrac{92}{41}$$

4章

▶関連問題の解答

■ 4.1 (1) 回路のインピーダンス Z の大きさは
$$\sqrt{R^2 + (\omega L)^2} = \sqrt{6^2 + 8^2} = 10$$
位相角 θ は
$$\cos\theta = \tfrac{R}{|Z|} = \tfrac{3}{5}$$
よって，フェーザ表示は $\dot{Z} = 10\angle\theta$, $\theta = \tan^{-1}\tfrac{4}{3}$.
　複素数表示は $z = 3 + j4$ となる．
(2) インピーダンスの大きさは $10\,\Omega$. 位相が θ 遅れるので
$$i = \tfrac{25}{10}\sin(1000t - \theta)\,[\text{A}]$$
ただし，$\theta = \tan^{-1}\tfrac{4}{3}$

(3) 周波数が高くなると ωL が大きくなる.よって,インピーダンスの大きさが大きくなり,(遅れ)位相角も大きくなる.

逆に,周波数が低くなると ωL が小さくなるので,インピーダンスの大きさが小さくなり,位相角も小さくなる.

■ **4.2** 接点 1 から接点 2 へ流れ出る電流 $I_{12} = x + jy$ とする.

$$(5 + j4) + (x + jy) = (7 - j4) + (9 + j3)$$

よって,$(x, y) = (11, -5)$ となる.

$I_1 = a + jb$ とすると

$$(11 - j5) + (a + jb) + (-5 + j7) = 10 + j8$$

から $(a, b) = (4, 6)$ を得る.つまり,$I_1 = 4 + j6$.

■ **4.3** ブリッジ回路の平衡条件より $Z_1 Z_3 = Z_2 Z_4$.

$$(10 + j\omega 10 \times 10^{-3})\left(2 - j\frac{1}{\omega C}\right) = 24$$

$$20 + \frac{0.01}{C} + j\left(0.02\omega - \frac{10}{\omega C}\right) = 24$$

左辺と右辺の実数部と虚数部が一致すればいいので

$$20 + \frac{0.01}{C} = 24 \qquad \qquad ①$$

$$0.02\omega - \frac{10}{\omega C} = 0 \qquad \qquad ②$$

式①より,$C = 2.5 \times 10^{-3}$ [F].式②より

$$\omega^2 = \frac{10}{0.02C} = \frac{10}{0.02 \cdot 2.5 \times 10^{-3}} = 2 \times 10^5$$

より,$\omega = 200\sqrt{5}$ [rad/s].

■ **4.4** $X_0 = \omega L - \frac{1}{\omega C}$ の符号で判断すればよい.$X_0 = 0$ となるのは

$$\omega = \frac{1}{\sqrt{LC}} = 10^4 \text{ [rad/s]}$$

よって,$\omega > 10^4$ のとき $X_0 > 0$ で,$\omega < 10^4$ のとき $X_0 < 0$.

(1) Z が誘導性になるのは $\omega > 10^4$.
(2) Z が容量性になるのは $\omega < 10^4$.
(3) Z の位相角がゼロ,つまり虚数部がゼロなので $\omega = 10^4$.
(4) このとき,回路は共振状態となっている.L と C のインピーダンスは相殺されているので,電源電圧と抵抗 R に加わる電圧は等しくなり,回路に流れる電流は最大となる.ただし,L と C に加わる電圧はゼロではなく,お互いに同じ大きさで相殺している,つまり

$$\dot{V}_L = -\dot{V}_C$$

■ **4.5** (1) 共振時は R に加わる電圧は電源電圧と等しいので $|V_R| = 100$.
(2)
$$|V_L| = |V_C|$$
$$= 100Q$$
$$= 2000$$

■ **4.6** $X_0 = \omega L - \frac{1}{\omega C}$ の符号で判断すればよい. $X_0 = 0$ となるのは
$$\omega = \frac{1}{\sqrt{LC}}$$
$$= 10^3 \, [\text{rad/s}]$$

よって, $\omega > 10^3$ のとき $X_0 > 0$ で, $\omega < 10^3$ のとき $X_0 < 0$.
(1) Y が誘導性になるのは $\omega < 10^3$.
(2) Y が容量性になるのは $\omega > 10^3$.
(3) Y の位相角がゼロ, つまり虚数部がゼロなので $\omega = 10^3$.
(4) このとき, 回路は共振状態となっている. L と C のアドミタンスは相殺されているので, 電源から流れ出る電流と抵抗 R に流れる電流は等しくなる. L と C に加わる電圧はゼロではなく, お互いに同じ大きさで相殺している, つまり
$$\dot{I}_L = -\dot{I}_C$$

■ **4.7** (1) 共振時は R に流れる電流が電源から流れる電流と等しいので
$$|I_R| = 10$$

(2) $|I_L| = |I_C| = |I_R|Q = 200$

▶章末問題の解答

■ **1** $I_3 = x + jy$ が接点から流れ出ると仮定する.
$$I_1 + I_2 = I_3$$
$$6 + j2 + 3 - j3 = x + jy$$
より, $(x, y) = (9, -1)$ となる. よって
$$I_3 = 9 - j$$

■ **2** キルヒホフの第二法則より, 電圧の式を立てる.
$$E_1 - Z_1 I_1 - Z_2 I_2 - Z_3 I_2 + E_2 = 0$$
$$10 + j5 - 4(2 - j3) - (3 - j4)I_2 - (4 + j4)I_2 + 5 + j2 = 0$$
$$7 + j19 - 7I_2 = 0$$
$$I_2 = 1 + j\frac{19}{7}$$

■3 (1) 抵抗に加わる電圧は電源電圧と同じであるので

$$I_R = \frac{100}{50}$$
$$= 2\,[\mathrm{A}]$$

(2) コイルとコンデンサの直列部のインピーダンスは

$$j\omega L + \frac{1}{j\omega C} = j100 - j\frac{1}{50\times 10^{-6}\cdot 1000}$$
$$= j100 - j20$$
$$= j80$$

である．よって，電流は

$$\frac{100}{j80} = -j1.25\,[\mathrm{A}]$$

(3) $j\omega L + \frac{1}{j\omega C} = 0$ になればよい．

$$C = \frac{1}{\omega^2 L}$$
$$= \frac{1}{1000^2 \cdot 100\times 10^{-3}}$$
$$= 10^{-5}$$

よって，$C = 10\,[\mu\mathrm{F}]$ のとき，インピーダンスがゼロになる．このとき，コイル，コンデンサ側のインピーダンスがゼロになるので，全ての電流がコイル，コンデンサ側に流れることになる．

■4 (1) 抵抗に流れる電流が 2 A であるので，加わる電圧は 10 V となる．これはコンデンサに加わる電圧と一致するので，コンデンサに流れる電流 I_C は

$$10 = -j\frac{1}{200\cdot 10^{-3}}I_C$$

より

$$I_C = j2\,[\mathrm{A}]$$

となる．

(2) コイルに流れる電流は，抵抗とコンデンサに流れる電流の和となるので

$$I_L = 2 + j2\,[\mathrm{A}]$$

(3) コンデンサと抵抗の合成インピーダンスは

$$\frac{10}{2+j2} = 2.5 - j2.5$$

回路のインピーダンス Z は

$$Z = j200\cdot 0.005 + 2.5 - j2.5$$
$$= 2.5 - j1.5$$

となる．電源電圧 V は

$$V = ZI_L$$
$$= (2.5 - j1.5)(2 + j2)$$
$$= 8 + j2$$

■**5** (1) まず，コイルのインピーダンスは

$$j\omega L = j4\,[\Omega]$$

コンデンサのインピーダンスは

$$\frac{1}{j\omega C} = -j5\,[\Omega]$$

となる．8 V の電源→コイル→抵抗→8 V の電源のループについて

$$8 = j4I_1 + 5(I_1 + I_2)$$

4 V の電源→コンデンサ→抵抗→4 V の電源のループについて

$$4 = -j5I_2 + 5(I_1 + I_2)$$

(2) 電圧方程式を解くと

$$I_1 = \frac{64 - j57}{65}\,[\text{A}] \quad (コイルに流れる電流)$$
$$I_2 = -\frac{28 - j29}{65}\,[\text{A}] \quad (コンデンサに流れる電流)$$

となる．抵抗に流れる電流は

$$I_1 + I_2 = \frac{38 - j28}{65}\,[\text{A}]$$

となる．

■**6** 例えば，キルヒホフの法則を用いれば次のような式を得ることができる．

$$V_1 - Z_1 I_1 + Z_2 I_2 - V_2 = 0$$
$$V_2 - Z_2 I_2 + Z_3 I_3 - V_3 = 0$$
$$I_1 + I_2 = -I_3$$

よって

$$I_1 = \frac{(Z_2 + Z_3)V_1 - Z_3 V_2 - Z_2 V_3}{Z_1 Z_2 + Z_2 Z_3 + Z_3 Z_1}$$
$$I_2 = -\frac{Z_3 V_1 - (Z_1 + Z_3)V_2 + Z_1 V_3}{Z_1 Z_2 + Z_2 Z_3 + Z_3 Z_1}$$
$$I_3 = \frac{(Z_1 + Z_2)V_3 - Z_2 V_1 - Z_1 V_2}{Z_1 Z_2 + Z_2 Z_3 + Z_3 Z_1}$$

■**7** ブリッジ回路の平衡条件より

$$R_1 \frac{1}{\frac{1}{R_4} + j\omega C_4} = R_2 \left(R_3 + \frac{1}{j\omega C_3} \right)$$

である．実数部と虚数部でこれを満たすためには

$$\frac{R_1}{R_2} = \frac{R_3}{R_4} + \frac{C_4}{C_3}$$
$$\omega = \frac{1}{\sqrt{C_3 C_4 R_3 R_4}}$$

が条件となる．

■**8** (1) インピーダンス Z は

$$Z = \frac{j\omega RL}{R+j\omega L} + \frac{\frac{R}{j\omega C}}{R+\frac{1}{j\omega C}}$$
$$= \frac{\omega^2 RL^2 + j\omega R^2 L}{R^2+(\omega L)^2} + \frac{R - j\omega R^2 C}{(\omega RC)^2+1}$$

(2) ω が変化してもインピーダンスが変わらないということなので，$\frac{\partial Z}{\partial \omega} = 0$ より $R^2 = \frac{L}{C}$ となる．

■**9** (1) 回路のインピーダンスは

$$Z = R + j\omega L + \frac{1}{j\omega C} = R + j(\omega L - \frac{1}{\omega C})$$

であるので

$$I = \frac{V}{R+j(\omega L - \frac{1}{\omega C})}$$

(2) 電力 $P = I^2 Z$ より

$$P = \frac{RV^2}{R^2+(\omega L - \frac{1}{\omega C})^2}$$

(3) 電力の最大値を求めるには，P を R で偏微分すればよい．

$$\frac{\partial P}{\partial R} = \frac{-R^2+(\omega L - \frac{1}{\omega C})^2}{\{R^2+(\omega L - \frac{1}{\omega C})^2\}^2} V^2$$

よって，$R = |\omega L - \frac{1}{\omega C}|$ のとき，P は極大値（この場合は最大値でもある）をとる．P の最大値は $\frac{V^2}{2|\omega L - \frac{1}{\omega C}|}$ となる．

■**10** 確認は省略．

$$V_{Z_3} = \frac{Z_3(V+Z_2 I)}{Z_2+Z_3}$$

■**11** (1) コイルに流れる電流が 4 A なので，このときの回路のインピーダンス Z は

$$\frac{20}{4} = 5 \,[\Omega]$$

となる．つまり

$$Z = R + j\left(\omega L - \frac{1}{\omega C}\right) = 3 + j(100L - 5)$$
$$|Z| = 3^2 + (100L - 5)^2 = 5^2$$

よって，$100L - 5 = 4$ より $L = 0.09$ [H]．力率は $\cos\theta = \frac{3}{5} = 0.6$．

(2) コイルに流れる電流が最大ということは $j(\omega L - \frac{1}{\omega C})$ がゼロである．つまり，共振状態であることが分かる．$\omega = \frac{1}{\sqrt{LC}}$ から

$$L = \frac{1}{\omega^2 C} = 0.05 \,[\mathrm{H}]$$

このとき流れる電流は

$$I = \frac{V}{R} = \frac{20}{3} \,[\mathrm{A}]$$

回路の力率は，インピーダンスが R のみであるので 1 である．

(3)　$Q = \frac{\omega L}{R} = \frac{5}{3}$

■ **12**　電源の角周波数 ω [rad/s] とする．回路のアドミタンス Y は

$$\begin{aligned}Y &= j\omega C + \frac{1}{R + j\omega L} \\ &= \frac{R}{R^2 + (\omega L)^2} + j\left\{\omega C - \frac{\omega L}{R^2 + (\omega L)^2}\right\}\end{aligned}$$

この虚数部がゼロになればいいので

$$\omega = \sqrt{\frac{L - R^2 C}{L^2 C}} = \sqrt{\frac{25}{10^{-4}}} = 500 \,[\mathrm{rad/s}]$$

5章

▶関連問題の解答

■ **5.1**　瞬時電力 $p = vi$ であるので，三角関数の倍角の公式を用いて

$$p = 200\sin 100t = 400\sin 50t \cos 50t = v \cdot 4\cos 50t$$

よって，$i = 4\cos 50t$ となる．

■ **5.2**　コイルのリアクタンス成分は

$$X_L = \omega L = 1000 \cdot 1 \times 10^{-3} = 1 \,[\Omega]$$

である．この回路のインピーダンス Z は

$$Z = \sqrt{3} + j = \sqrt{3+1} \angle \theta = 2\angle \theta$$

ただし，$\cos\theta = \frac{\sqrt{3}}{2}$ より

$$\theta = \frac{\pi}{6}$$

また，電流の最大値は $\frac{|V|}{|Z|} = \frac{100}{\sqrt{3}}$ であるので，皮相電力は

$$P = VI = \frac{100}{\sqrt{2}} \frac{100}{\sqrt{3}\sqrt{2}} = \frac{5000\sqrt{3}}{3} \,[\mathrm{VA}]$$

有効電力は

$$P_\mathrm{a} = P\cos\theta = 2500 \,[\mathrm{W}]$$

無効電力は

$$Q = P\sin\theta = \frac{2500\sqrt{3}}{3} \,[\mathrm{Var}]$$

力率は

$$\cos\theta = \frac{\sqrt{3}}{2}$$

問題解答

171

▶章末問題の解答

■ **1** 皮相電力は
$$P_a = \sqrt{200^2 + 150^2} = 250\,[\text{VA}]$$

力率は $\frac{200}{250} = 0.8$ となる．

■ **2** (1) 電流の大きさが $10\,[\text{A}]$ であり，位相が電圧に対して $\frac{\pi}{6}$ 遅れているので，電流の実数部が
$$10\cos\frac{\pi}{6} = 5\sqrt{3}$$

虚数部が
$$10\sin\frac{\pi}{6} = 5$$

である．したがって，電流は $I = 5\sqrt{3} + j5$．よって
$$Z = \frac{100}{5\sqrt{3}+j5}$$
$$= 20 \cdot \frac{\sqrt{3}-j}{3+1} = 5\sqrt{3} - j5$$

インピーダンスの大きさは $|Z| = \frac{100}{10} = 10\,[\Omega]$．

(2) 有効電力は
$$P = 100 \cdot 10\cos\frac{\pi}{6} = 500\sqrt{3}\,[\text{W}]$$

無効電力は
$$Q = 100 \cdot 10\sin\frac{\pi}{6} = 500\,[\text{Var}]$$

■ **3** (1) インピーダンス Z は
$$Z = \frac{100+j10}{15-j5} = \frac{20+j2}{3-j}$$
$$= \frac{(20+j2)(3+j)}{10} = \frac{58+j26}{10} = 5.8 + j2.6$$

(2) 電力の複素数表示は
$$P = VI = (100+j10)(15-j5) = 1550 - j350$$

よって，有効電力は P の実数部なので $1550\,\text{W}$，無効電力は虚数部で $350\,\text{Var}$ となる．

■ **4** (1) 有効電力は
$$P = 200 \cdot 10 \cdot 0.8 = 1600\,[\text{W}]$$

無効電力は
$$Q = 200 \cdot 10 \cdot \sqrt{1-0.8^2} = 1200\,[\text{Var}]$$

(2) 皮相電力は
$$P_a = 200 \cdot 10 = 2000\,[\text{VA}]$$

■ **5** (1) 回路に流れる電流は
$$I = \frac{120}{15} = 8\,[\text{A}]$$

となる．よって，有効電力は
$$P = 120 \cdot 8 = 960\,[\text{W}]$$

無効電力は発生しないので，$Q = 0$．皮相電力は

$$P_a = 120 \cdot 8 = 960\,[\text{VA}]$$

で，有効電力と一致する．

(2) 力率が 0.6 であるので，インピーダンスの大きさを Z とすると

$$\tfrac{R}{Z} = \tfrac{15}{Z} = 0.6$$

したがって，$|Z| = 25\,[\Omega]$ となる．インダクタンスによるインピーダンスを X とすると

$$|Z| = \sqrt{15^2 + X^2} = 25$$

より，$X^2 = 400$．したがって，$X = 20\,[\Omega]$．$X = \omega L = 80L = 20$ となるので

$$L = 0.25\,[\text{H}]$$

(3) 回路に流れる電流は

$$I = \tfrac{120}{25} = 4.8\,[\text{A}]$$

となる．よって，有効電力は

$$P = 120 \cdot 4.8 \cdot 0.6 = 345.6\,[\text{W}]$$

無効電力は

$$Q = 120 \cdot 4.8 \cdot \sqrt{1 - 0.6^2} = 460.8\,[\text{Var}]$$

皮相電力は

$$P_a = 120 \cdot 4.8 = 576\,[\text{VA}]$$

$P_a = \sqrt{P^2 + Q^2}$ から求めてもよい．

6章
▶関連問題の解答
■ **6.1** R-L-C 直列回路の電流の性質は，判別式の符号によって変わる．

$$D = \left(\tfrac{R}{2L}\right)^2 - \tfrac{1}{LC} = \left(\tfrac{2}{2 \times 10^{-3}}\right)^2 - \tfrac{1}{10^{-3}C} = 0$$

より，$C = 1\,[\text{mF}]$．

▶章末問題の解答
■ **1**

$$\tau = \tfrac{L}{R} = \tfrac{L}{2} < 10^{-3}$$

よって，$L < 2 \times 10^{-3}\,[\text{H}]$．

■ **2** スイッチを端子 2 に入れる瞬間を $t = 0$ とする．回路方程式は

$$Ri + L\tfrac{di}{dt} = 0$$

となる．この回路の一般解は
$$i = ke^{-(R/L)t}$$
である．スイッチを端子1を入れて十分に時間が経っているということは，Lに定常電流が流れていることになる．つまり，スイッチが端子1に入っている状態の回路方程式
$$V = Ri' + L\frac{di}{dt}$$
の第2項がゼロということなので
$$i' = i(0) = \frac{V}{R}$$
となる．一般解に代入して，$i(0) = k = \frac{V}{R}$ を得る．つまり，電流の式は
$$i = \frac{V}{R}e^{-(R/L)t}$$

■ **3** この回路は基本的に R-L 直列回路であるので，回路方程式は
$$L\frac{di}{dt} + Ri = 0.02\frac{di}{dt} + 40i = V = 10$$
となる．この方程式の一般解は
$$i = ke^{-(40/0.02)t} + \frac{10}{40} = ke^{-2000t} + \frac{1}{4}\,[\text{A}] \qquad ①$$
ここで，定数 k を求めるために回路の初期値を求める．回路はスイッチを入れる直前まで 4 V の電源に接続された定常状態となっていた．したがって
$$i(0) = \frac{4}{40} = \frac{1}{10} = 0.1$$
となる．式①に代入して
$$i(0) = k + 0.25 = 0.1$$
よって，$k = -0.15$ を得ることになり，一般解は
$$i = -0.15e^{-2000t} + 0.25\,[\text{A}]$$

■ **4** (1) この回路は R-L 直列回路と，R-C 直列回路が並列に接続されている．よって，個別の回路と考えることができる．
$$5i_L + 0.1\frac{di_L}{dt} = 10$$
$$5i_C + \frac{1}{10^{-3}}\int i_C dt = 10$$
(2) R-L 回路について解くと，初期電流 $i_L(0) = 0$ に注意して
$$i_L = \frac{10}{5}\{1 - e^{-(5/0.1)t}\} = 2(1 - e^{-50t})\,[\text{A}]$$
R-C 回路について解く．両辺を t で微分し，初期電流 $i_C(0) = 0$ に注意して
$$i_C = \frac{10}{5}e^{-\{1/(5\cdot 10^{-3})\}t} = 2e^{-200t}\,[\text{A}]$$
(3) 電源から流れる電流 $i = i_L + i_C$ であるので
$$i = 2(1 - e^{-50t} + e^{-200t})\,[\text{A}]$$

7章
▶関連問題の解答

■ **7.1** (1)
$$F(s) = \mathcal{L}[t^2 - 4t + 4] = \frac{2}{s^3} - \frac{4}{s^2} + \frac{4}{s}$$

(2)
$$F(s) = \mathcal{L}[e^{4t-5}] = e^{-5}\mathcal{L}[e^{4t}] = e^{-5}\frac{1}{s-4}$$

(3) 三角関数の加法定理を用いて ωt と θ の式に変形する.
$$F(s) = \mathcal{L}[\sin(\omega t + \theta)]$$
$$= \mathcal{L}[\sin\omega t \cos\theta + \cos\omega t \sin\theta]$$
$$= \cos\theta \mathcal{L}[\sin\omega t] + \sin\theta \mathcal{L}[\cos\omega t]$$
$$= \frac{\omega\cos\theta + s\sin\theta}{s^2+\omega^2}$$

(4) 倍角の公式を用いて
$$F(s) = \mathcal{L}[\cos^2 t] = \mathcal{L}\left[\frac{\cos 2t + 1}{2}\right]$$
$$= \frac{1}{2}\left(\frac{s}{s^2+4} + \frac{1}{s}\right) = \frac{s^2+2}{s(s^2+4)}$$

(5)
$$F(s) = \mathcal{L}[\sin^2 t] = \mathcal{L}[1 - \cos^2 t]$$
$$= \frac{1}{s} - \frac{s^2+2}{s(s^2+4)} = \frac{2}{s(s^2+4)}$$

■ **7.2** (1)
$$f(t) = \mathcal{L}^{-1}\left[\frac{4}{s(s^2+1)}\right]$$
$$= 4\mathcal{L}^{-1}\left[\frac{1}{s} - \frac{s}{s^2+1}\right] = 4 - 4\cos t$$

(2)
$$f(t) = \mathcal{L}^{-1}\left[\frac{1}{(s-4)(s-2)}\right] = \mathcal{L}^{-1}\left[\frac{1}{2}\frac{1}{s-4} - \frac{1}{2}\frac{1}{s-2}\right]$$
$$= \frac{1}{2}(e^{4t} - e^{2t})$$

ここで
$$\frac{1}{(s-4)(s-2)} = \frac{1}{2}\frac{1}{s-4} - \frac{1}{2}\frac{1}{s-2}$$

を導くために，次のように部分分数分解を用いている.
$$\frac{1}{(s-4)(s-2)} = \frac{A}{s-4} + \frac{B}{s-2}$$

とおく．両辺に $(s-4)(s-2)$ を乗じると
$$1 = A(s-2) + B(s-4)$$

となり，s について整理すると
$$(A+B)s - 2A - 4B = 1$$
この式が s についての恒等式になる条件は $A+B=0$, かつ $-2A-4B=1$ である．よって，$A=\frac{1}{2}, B=-\frac{1}{2}$ を得る．
(3)
$$\begin{aligned}f(t) &= \mathcal{L}^{-1}\left[\tfrac{s-5}{s^2+4s+8}\right] \\ &= \mathcal{L}^{-1}\left[\tfrac{(s+2)-7}{(s+2)^2+4}\right] \\ &= \mathcal{L}^{-1}\left[\tfrac{(s+2)}{(s+2)^2+4} - \tfrac{7}{(s+2)^2+4}\right]\end{aligned}$$
ここで，複素推移性より $F(s+a)$ の逆ラプラス変換が $e^{-at}f(t)$ となることから，$s+a$ において $a=2$ とすればよい．すると推移前の s 関数は
$$\tfrac{s}{s^2+4} - \tfrac{7}{2}\tfrac{2}{s^2+4}$$
とできるので
$$\begin{aligned}f(t) &= e^{-2t}\mathcal{L}^{-1}\left[\tfrac{s}{s^2+4} - \tfrac{7}{2}\tfrac{2}{s^2+4}\right] \\ &= e^{-2t}\left(\cos 2t - \tfrac{7}{2}\sin 2t\right)\end{aligned}$$

■ **7.3** (1) 電圧方程式は
$$v = L\tfrac{di}{dt} + Ri + \tfrac{1}{C}\int_0^t i\,dt$$
であるので
$$100\sin 5t = 0.5\tfrac{di}{dt} + 15i + 100\int_0^t i\,dt$$
(2) 電圧方程式をラプラス変換する．
$$\tfrac{500}{s^2+25} = 15I(s) + 0.5sI(s) + 100\tfrac{I(s)}{s}$$
であるので
$$I(s) = \tfrac{500s}{(s^2+25)(0.5s^2+15s+100)}$$

■ **7.4** 解答略

■ **7.5** (1) V-C-R_1 を通る電流ループを I とする．電流ループ I について
$$V = \tfrac{1}{C}\int i_1 dt + i_1 R_1$$
V-R_2 を通る電流ループを II とする．電流ループ II について
$$V = i_2 R_2$$
(2) 電流ループ I について
$$\tfrac{V}{s} = \tfrac{1}{sC}I_1 + R_1 I_1$$

より
$$I_1 = \frac{V}{s}\frac{1}{\frac{1}{sC}+R_1} = \frac{V}{R_1}\frac{1}{s+\frac{1}{CR_1}}$$

電流ループ II について
$$\frac{V}{s} = R_2 I_2$$

より
$$I_2 = \frac{V}{sR_2}$$

(3) I_1, I_2 を逆ラプラス変換して
$$i_1 = \frac{V}{R_1}e^{-(1/R_1 C)t}$$
$$i_2 = \frac{V}{R_2}$$

よって，電源から出る電流は
$$i(t) = i_1 + i_2 = \frac{V}{R_1}e^{-(1/R_1 C)t} + \frac{V}{R_2}$$

■ **7.6** 確認は省略．ラプラス変換を用いると計算量が少ない状態で結果を求めることができる．

■ **7.7** (1) 回路方程式は
$$V = L\frac{di}{dt} + Ri + \frac{1}{C}\int_0^t i\,dt$$

より
$$12 = 0.5\frac{di}{dt} + 8i + 50\int_0^t i\,dt$$

各初期値がゼロであることに注意してラプラス変換すると
$$\frac{12}{s} = 8I(s) + 0.5sI(s) + \frac{50I(s)}{s}$$
$$I(s) = \frac{12}{0.5s^2 + 8s + 50}$$
$$= \frac{24}{s^2 + 16s + 100}$$

分母の s の二次関数の判別式の符号は
$$8^2 - 100 = -36 < 0$$

よって，電流は減衰振動となることが分かる．
$$I(s) = \frac{24}{s^2 + 16s + 100}$$
$$= \frac{24}{(s+8)^2 + 36}$$

逆ラプラス変換して
$$i(t) = \frac{12}{3}e^{-8t}\sin 6t = 4e^{-8t}\sin 6t \text{ [A]}$$

(2) L の大きさで判別式の符号が変わり，電流の特性が変化する．判別式 D は
$$D = \left(\tfrac{R}{2L}\right)^2 - \tfrac{1}{LC} = \tfrac{16}{L^2} - \tfrac{50}{L}$$

(I) 判別式 $D > 0$ のとき，過減衰となる．
$$\tfrac{16}{L^2} - \tfrac{50}{L} > 0$$

両辺に $L^2 (>0)$ を乗じて
$$-50L + 16 > 0$$

よって，$L < \tfrac{8}{25} = 0.32 \,[\mathrm{H}]$ のとき，過減衰となる．

(II) 判別式 $D = 0$ のとき，つまり $L = 0.32 \,[\mathrm{H}]$ のとき臨界減衰となる．

▶章末問題の解答

■**1** (1)
$$\begin{aligned}
F(s) &= \mathcal{L}[\sin(\omega t + \theta)] \mathcal{L}[\sin \omega t \cos\theta + \cos\omega t \sin\theta] \\
&= \cos\theta\, \mathcal{L}[\sin \omega t] + \sin\theta\, \mathcal{L}[\cos\omega t] \\
&= \tfrac{\omega\cos\theta + s\sin\theta}{s^2 + \omega^2}
\end{aligned}$$

(2) 微分の公式より
$$\mathcal{L}[f'(t)] = sF(s) - f(0)$$

ここで，$f'(t) = 2(t+4)$, $f(0) = 16$ であるので
$$\begin{aligned}
F(s) &= \tfrac{\mathcal{L}[f'(t)] + f(0)}{s} \\
&= \tfrac{\mathcal{L}[2(t+4)] + 16}{s} = \tfrac{2}{s^3} + \tfrac{8}{s^2} + \tfrac{16}{s}
\end{aligned}$$

(3) 複素推移性より
$$\begin{aligned}
F(s) &= \mathcal{L}[e^4 t \cos 5t] \\
&= (s-4)\mathcal{L}[\cos 5t] = \tfrac{s-4}{(s-4)^2 + 25}
\end{aligned}$$

■**2** (1) $f(t) = 2t\{u(t) - u(t-4)\}$ を変形すると
$$\begin{aligned}
f(t) &= 2tu(t) - 2(t-4)u(t-4) - 8u(t-4) \\
F(s) &= \mathcal{L}[2tu(t) - 2(t-4)u(t-4) - 8u(t-4)] \\
&= \tfrac{2}{s^2} - e^{-4s}\tfrac{2}{s^2} - \tfrac{8e^{-4s}}{s} \\
&= \tfrac{2}{s^2}(1 - e^{-8s}) - \tfrac{8e^{-4s}}{s}
\end{aligned}$$

(2) $f(t) = 16\{u(t) - u(t-8)\}$ と表現できるので
$$\begin{aligned}
F(s) &= \mathcal{L}[16\{u(t) - u(t-8)\}] \\
&= \tfrac{16}{s}(1 - e^{-8s})
\end{aligned}$$

(3) (1) の関数に $g(t) = 8u(t-4)$ を加えると考えればよい.
$$G(s) = \mathcal{L}[8u(t-4)] = e^{-4s}\frac{8}{s}$$
線形性より (1) の s 関数に $G(s)$ を加えればよいので
$$F(s) = \frac{2}{s^2}(1-e^{-8s}) - \frac{8e^{-4s}}{s} + e^{-4s}\frac{8}{s}$$
$$= \frac{2}{s^2}(1-e^{-8s})$$

■ **3** (1)
$$f(t) = \mathcal{L}^{-1}\left[\frac{1}{s^2+7s+12}\right] = \mathcal{L}^{-1}\left[\frac{1}{(s+3)(s+4)}\right]$$
$$= \mathcal{L}^{-1}\left[\frac{1}{s+3} - \frac{1}{s+4}\right] = e^{-3t} - e^{-4t}$$

(2)
$$f(t) = \mathcal{L}^{-1}\left[\frac{3s}{s^2+64}\right] = 3\cos 8t$$

(3)
$$f(t) = \mathcal{L}^{-1}\left[\frac{2s}{s^2-25}\right] = 2\cosh 5t$$

(4)
$$f(t) = \mathcal{L}^{-1}\left[\frac{s+1}{s^2+2s+5}\right]$$
$$= \mathcal{L}^{-1}\left[\frac{s+1}{(s+1)^2+4}\right]$$
推移性を利用して
$$f(t) = e^{-t}\cos 2t$$

(5)
$$f(t) = \mathcal{L}^{-1}\left[\frac{2}{s^2(s^2+49)}\right] = 2\mathcal{L}^{-1}\left[\frac{1}{49}\left(\frac{1}{s^2} - \frac{1}{s^2+49}\right)\right]$$
$$= \frac{2}{49}\left(t - \frac{1}{7}\sin 7t\right)$$

■ **4** (1) 電源 E から出て R_1, R_2 を通る閉回路において
$$E = R_1(i_r + i_L) + R_2 i_r$$
より
$$10 = 2(i_r + i_L) + 2i_r$$
$$= 4i_r + 2i_L$$
$$5 = 2i_r + i_L$$
R_2 と L の閉回路について
$$R_2 i_r - L\frac{di_L}{dt} = 0$$

より
$$2i_r - 0.5\frac{di_L}{dt} = 0$$

(2) それぞれをラプラス変換する．
$$\frac{5}{s} = 2I_r + I_L$$
$$2I_r - 0.5sI_L = 0$$

上記の2式を連立させて，I_r と I_L について解くと
$$I_r = \frac{10}{4}\frac{1}{s+2} = \frac{5}{2}\frac{1}{s+2}$$
$$I_L = \frac{10}{s(s+2)}$$

(3)
$$i_r = \mathcal{L}^{-1}\left[\frac{5}{2}\frac{1}{s+2}\right] = \frac{5}{2}e^{-2t}\text{ [A]}$$
$$i_L = \mathcal{L}^{-1}\left[\frac{10}{s(s+2)}\right]\text{[A]}$$

$\frac{10}{s(s+2)}$ を部分分数分解すると
$$\frac{10}{s(s+2)} = \frac{5}{s} - \frac{5}{s+2}$$

であるから
$$i_L = \mathcal{L}^{-1}\left[\frac{5}{s} - \frac{5}{s+2}\right] = 5 - 5e^{-2t}\text{ [A]}$$

■ **5** (1) 電源 E から出て $R \to R$ を通る閉回路において
$$E = (i_R + i_C)R + Ri_R$$

電源 E から出て $R \to C$ を通る閉回路において
$$E = (i_R + i_C)R + \frac{1}{C}\int i_C dt$$

(2) それぞれをラプラス変換する．
$$\frac{E}{s} = (I_R + I_C)R + RI_R$$
$$\frac{E}{s} = (I_R + I_C)R + \frac{1}{Cs}I_C$$

両者を連立させて解くと
$$I_R = \frac{E}{2R}\left(\frac{1}{s} - \frac{1}{s+\frac{2}{CR}}\right)$$
$$I_C = \frac{E}{R}\frac{1}{s+\frac{2}{CR}}$$

(3) 逆ラプラス変換する．初期電流値がゼロであることに注意して
$$i_R = \frac{E}{2R}\{1 - e^{-(2/CR)t}\}\text{ [A]}$$
$$i_C = \frac{E}{R}e^{-(2/CR)t}\text{ [A]}$$

■ 6 回路方程式は
$$L\frac{di}{dt} + \frac{1}{C}\int idt - v_C(0) = 0$$
十分に時間がたっているので，コンデンサ C には
$$q = CV$$
を満たす電荷が蓄えられている．よって
$$v_C(0) = V$$
となる．ラプラス変換すると
$$LsI + \frac{1}{Cs}I = \frac{V}{s}$$
より
$$I = \frac{V}{L}\frac{s}{s^2 + \frac{1}{LC}}$$
逆ラプラス変換して
$$i = \frac{V}{L}\cos\frac{t}{\sqrt{LC}}\ [\text{A}]$$

■ 7 (1) 電圧方程式は
$$E\sin\omega t = Ri + \frac{1}{C}\int idt$$
より
$$100\sin 50t = 3i + 200\int idt$$
(2) 初期値がゼロであるので，ラプラス変換すると
$$\frac{100\cdot 50}{s^2 + 50^2} = 3I + 200\frac{I}{s}$$
より
$$I = \frac{5000}{3}\frac{s}{(s+\frac{200}{3})(s^2+2500)}$$
(3) I の s 関数の分母を部分分数分解する．
$$\theta = \tan^{-1}\frac{1}{0.75}$$
$$= \frac{4}{3}$$
とおくと
$$\sin\theta = \frac{4}{5}$$
$$\cos\theta = \frac{3}{5}$$
である．よって
$$i = \mathcal{L}^{-1}[I]$$
$$= \frac{100}{5}\{\sin(50t+\theta) - e^{-(1/0.015)t}\sin\theta\}$$
$$= 20\{\sin(50t+\theta) - e^{-(200/3)t}\sin\theta\}\ [\text{A}]$$

8章

▶関連問題の解答

■ **8.1** (1) 変圧比が 10 なので，二次側に発生する電圧は

$$v_2 = \tfrac{5}{10} \sin 1000t$$
$$= 0.5 \sin 1000t$$

(2) 二次側に流れる電流を求めるためには，負荷のインピーダンス Z を求める必要がある．R-L 直列回路で，電源の角周波数が $1000\,\mathrm{rad/s}$ であるので

$$Z = \sqrt{4^2 + (3 \times 10^{-3} \cdot 1000)^2}$$
$$= \sqrt{25}$$
$$= 5$$

よって，二次側の電流の最大値は

$$I_2 = \tfrac{0.5}{5}$$
$$= 0.1\,[\mathrm{A}]$$

(3) 二次側の要素で周波数に依存するのはインピーダンスの L の部分である．電源周波数が高くなると，インピーダンス ωL が比例して大きくなる．したがって，電流の最大値が減少する．また，力率角も増加するため，電圧に対する電流の遅れが大きくなる．
　電源周波数が低くなれば，逆にインピーダンスが減少するので，電流の最大値は増加し，力率角が減少し，電圧に対する電流の遅れが小さくなる．

▶章末問題の解答

■ **1** (1) コイル 1 に発生する磁束は

$$\phi_1 = 0.005 \cdot 5$$
$$= 0.025\,[\mathrm{Wb}]$$

(2) コイル 2 に鎖交するコイル 1 の磁束は漏れ磁束分を引くので

$$\phi_{12} = \phi_1 - \phi_{11}$$
$$= 0.025 - 0.005$$
$$= 0.02\,[\mathrm{Wb}]$$

よって，相互インダクタンスは

$$M = \tfrac{\phi_{12}}{i_1}$$
$$= \tfrac{0.02}{5}$$
$$= 0.004\,[\mathrm{H}]$$

■2 (1) **解図4**のようになる．

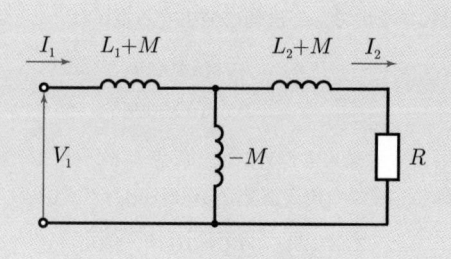

解図4

(2) 等価回路のように，電流 I_1 と I_2 を設定する．電圧方程式は
$$V_1 = j\omega L_1 I_1 - j\omega M I_2$$
$$j\omega M I_1 - j\omega L_2 I_2 - R I_2 = 0$$

(3) (2)の2式を連立させる．
$$I_2 = \frac{j\omega M}{R + j\omega L_2} I_1$$

であるから
$$V_1 = j\omega L_1 I_1 - j\omega M I_2$$
$$= \frac{\omega^2(M^2 - L_1 L_2) + j\omega L_1 R}{R + j\omega L_2} I_1$$

よって，一次側からみたインピーダンス Z は
$$Z = \frac{\omega^2(M^2 - L_1 L_2) + j\omega L_1 R}{R + j\omega L_2}$$

■3 (1) **解図5**のようになる．

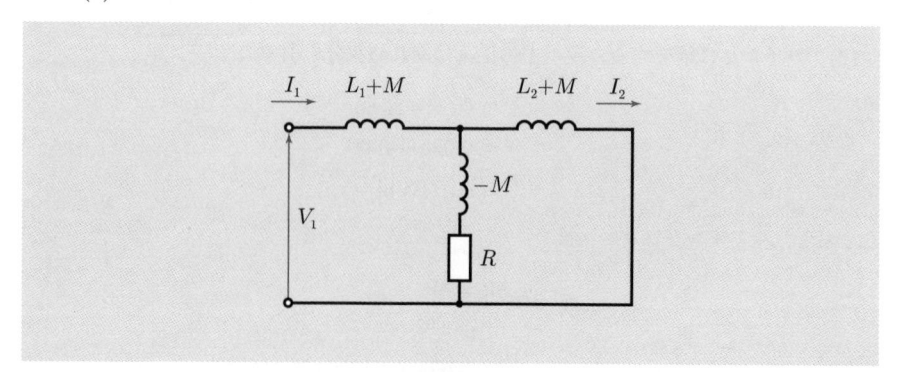

解図5

(2) 等価回路のように，電流 I_1 と I_2 を設定する．電圧方程式は

$$V_1 = j\omega L_1 I_1 - j\omega M I_2 + R(I_1 - I_2)$$

$$j\omega M I_1 - j\omega L_2 I_2 + R(I_1 - I_2) = 0$$

となる．

(3) (2) の 2 式を連立させる．

$$V_1 = j\omega(L_1 - M)I_1 + \frac{j\omega(L_2-M)(R+j\omega M)}{R+j\omega M + j\omega(L_2-M)}I_1$$
$$= \frac{\omega^2(M^2-L_1L_2)+j\omega(L_1+L_2-2M)R}{R+j\omega L_2}I_1$$

よって，一次側からみたインピーダンス Z は

$$Z = \frac{\omega^2(M^2-L_1L_2)+j\omega(L_1+L_2-2M)R}{R+j\omega L_2}$$

となる．

(4) インピーダンスがゼロになるためには Z の分子がゼロになればよい．つまり

$$M^2 - L_1 L_2 = 0$$
$$L_1 + L_2 - 2M = 0$$

を満たせばよい．これを満たす解は

$$L_1 = L_2 = M$$

のときである．

なお，この状態で

$$M = \sqrt{L_1 L_2}$$

が満たされており，一次側で発生した磁束がすべて二次側に鎖交することを示している（二次側から一次側も同じ）．

■**4** (1) この変圧器の変圧比は

$$\frac{50}{10} = 5$$

となる．一次側電圧の最大値は $50\,\mathrm{V}$ であるので，二次側電圧の最大値は

$$\frac{50}{5} = 10\,[\mathrm{V}]$$

となる．電流の最大値が $2.5\,\mathrm{A}$ であるので，負荷抵抗の大きさは

$$\frac{10}{2.5} = 4\,[\Omega]$$

(2) $L = 30\,[\mathrm{mH}]$ のインダクタンスを加えると，負荷全体のインピーダンスは

$$Z = 4 + j \cdot 100 \cdot 0.03$$
$$= 4 + j3 \, [\Omega]$$

である．Z の大きさは

$$|Z| = \sqrt{4^2 + 3^2}$$
$$= 5 \, [\Omega]$$

となる．したがって，電流の大きさは

$$\tfrac{10}{5} = 2 \, [\text{A}]$$

となる．

9章

▶関連問題の解答

■ **9.1** それぞれ $\frac{2}{3}\pi$ ずつ位相をずらせばよいので，残りの二相は

$$v_2 = 15 \sin\left(30t - \tfrac{2}{3}\pi - \tfrac{2}{3}\pi\right)$$
$$= 15 \sin\left(30t - \tfrac{4}{3}\pi\right)$$
$$v_3 = 15 \sin\left(30t - \tfrac{2}{3}\pi - \tfrac{4}{3}\pi\right)$$
$$= 15 \sin(30t - 2\pi)$$
$$= 15 \sin 30t$$

となる．

■ **9.2** 例えば**図9.2**の三相交流の複素数表示は

$$v_\text{a} = V_\text{m} \sin \omega t$$
$$= V_\text{m}$$
$$v_\text{b} = V_\text{m} \sin\left(\omega t - \tfrac{2}{3}\pi\right)$$
$$= -\tfrac{1}{2}V_\text{m} + j\tfrac{\sqrt{3}}{2}V_\text{m}$$
$$v_\text{c} = V_\text{m} \sin\left(\omega t - \tfrac{4}{3}\pi\right)$$
$$= -\tfrac{1}{2}V_\text{m} - j\tfrac{\sqrt{3}}{2}V_\text{m}$$

となるので

$$v_\text{a} + v_\text{b} + v_\text{c} = \left(1 - \tfrac{1}{2} - \tfrac{1}{2}\right) V_\text{m} + j\left(\tfrac{\sqrt{3}}{2} - \tfrac{\sqrt{3}}{2}\right) V_\text{m}$$
$$= 0$$

となる．

■ **9.3** 解図6となる.

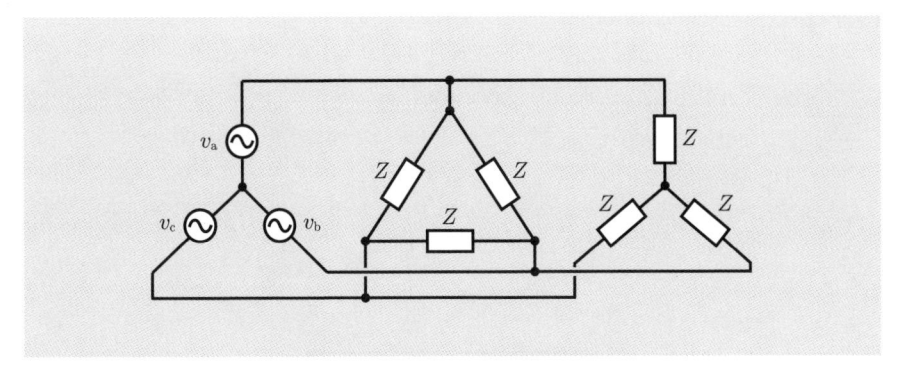

解図6 Y結線とΔ結線の並列接続

また，次のように変形もできる．

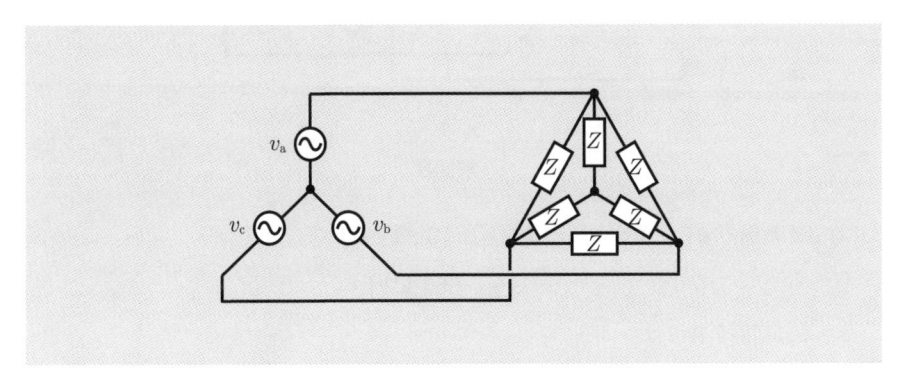

解図7 Y結線とΔ結線の並列接続（変形）

■ **9.4** (1) $P = \dfrac{V^2}{Z}$

(2) Y結線になるとΔ結線と比較して各相の負荷に加わる電圧が $\dfrac{1}{\sqrt{3}}$ 倍となるので

$$\frac{1}{\sqrt{3}}\frac{V^2}{Z} = \frac{\sqrt{3}V^2}{3Z}$$

(3) 電力は電圧の2乗に比例する．よって，負荷に加わる電圧が $\dfrac{1}{\sqrt{3}}$ 倍になるということは，電力が $\dfrac{1}{3}$ になることを意味する．よって，電力を同じにするためには別のところで電力を3倍にする必要があるので，分母にある負荷 Z の大きさを $\dfrac{1}{3}$ にすればよい．よって，負荷を Z から $\dfrac{Z}{3}$ に変更する．

186　　　　　　　　　　　問 題 解 答

■ **9.5** (1) 解図8のように△接続の部分をY結線に変換すると $R=2$ と $\frac{2}{3}\,\Omega$ の並列回路となるので，合成インピーダンス Z は

$$\frac{1}{Z} = \frac{1}{2} + \frac{3}{2} = 2$$

より

$$Z = \frac{1}{2}\,[\Omega]$$

となる．

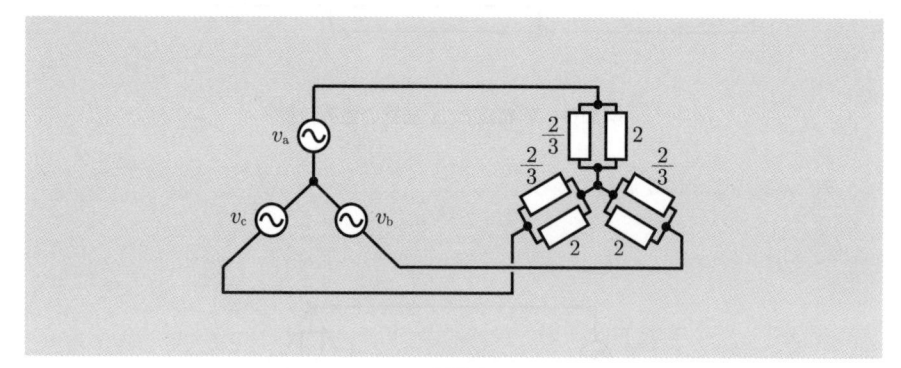

解図8

(2) Y結線の場合，各相の電力は相電圧と負荷を用いて

$$\frac{V^2}{R} = 80\,[\mathrm{kW}]$$

となる．回路全体では

$$80 \cdot 3 = 240\,[\mathrm{kW}]$$

▶章末問題の解答

■ **1** (1) 実効値が $100\sqrt{2}$ であるので，最大値は

$$100\sqrt{2} \cdot \sqrt{2} = 200$$

よって各電源の式は

$$v_\mathrm{a} = 200\sin 120\pi t$$
$$v_\mathrm{b} = 200\sin\left(120\pi t - \tfrac{2}{3}\pi\right)$$
$$v_\mathrm{c} = 200\sin\left(120\pi t - \tfrac{4}{3}\pi\right)$$

となる．

(2) 相電流は
$$I = \frac{100\sqrt{2}}{5}$$
$$= 20\sqrt{2}\,[\text{A}]$$

Y結線では相電流と線電流は一致する．有効電力は
$$P = VI \cdot 1$$
$$= 4000\,[\text{W}]$$

(3) 電源を Δ 結線するということは，回路の相電圧が線電圧に変化したということである．よって，抵抗に加わる相電圧は $\frac{1}{\sqrt{3}}$ 倍となる．よって，相電流，線電流は Y 結線の場合の $\frac{1}{\sqrt{3}}$ 倍，電力は $\frac{1}{3}$ となる．

■**2** (1) Δ 結線の抵抗 R を Y 結線に変換すると，$\frac{R}{3}$ になる．よって，**解図9**のようになる．

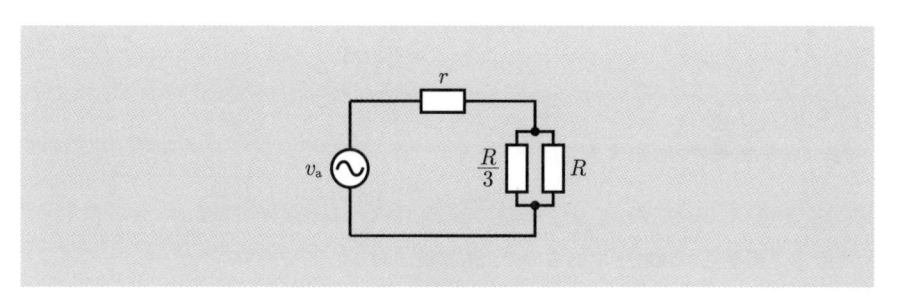

解図9

(2) 合成抵抗は
$$r + \frac{R\frac{R}{3}}{R+\frac{R}{3}} = r + \frac{R}{4}$$

■**3** (1) 負荷 Z の大きさは
$$|Z| = \sqrt{4^2 + 3^2}$$
$$= 5\,[\Omega]$$

である．Δ 結線では 相電圧 = 線間電圧 である．よって，相電流は
$$I = \frac{200}{5}$$
$$= 40\,[\text{A}]$$

(2) 皮相電力は
$$3 \cdot 200 \cdot 40 = 24\,[\text{kVA}]$$

負荷の力率は

$$\cos\theta = \tfrac{4}{5}$$
$$= 0.8$$

であるので,有効電力は

$$24 \cdot 0.8 = 19.2\,[\text{kW}]$$

無効電力は

$$24\sqrt{1-0.8^2} = 14.4\,[\text{kVar}]$$

■ **4** (1) Z_2 を Y 結線に等価変換したインピーダンスは

$$Z_{2\text{Y}} = 3\,[\Omega]$$

となる.各相のインピーダンスは Z_1 と $Z_{2\text{Y}}$ の並列回路であるので

$$\frac{Z_1 Z_{2\text{Y}}}{Z_1 + Z_{2\text{Y}}} = \frac{j12}{3+j4}$$
$$= \frac{j12(3-j4)}{3^2+4^2}$$
$$= \frac{48-j36}{25}$$

(2) インピーダンスの大きさは

$$\left|\frac{48-j36}{25}\right| = \frac{12}{5}$$

となる.相電圧が 300 V であるので,線電流 I は

$$\frac{300}{\frac{12}{5}} = 125\,[\text{A}]$$

(3) 皮相電力は

$$VI = 37500\,[\text{VA}]$$

負荷の力率は

$$\cos\theta = \tfrac{4}{5}$$
$$= 0.8$$

よって,有効電力は

$$VI\cos\theta = 37500 \cdot 0.8$$
$$= 30000\,[\text{W}]$$

(4) △ 結線の等価回路は Z_1 のインピーダンスを 3 倍にすればよい.線間電圧が相電圧の $\sqrt{3}$ 倍になることに注意すること(以降略).

参考文献

[1] 柴田尚志,『電気回路Ⅰ 電気・電子系教科書シリーズ』, コロナ社 (2006)
[2] 遠藤勲, 鈴木靖,『電気回路Ⅱ 電気・電子系教科書シリーズ』, コロナ社 (1999)
[3] 小澤孝夫,『電気回路Ⅰ ―基礎・交流編―』, 昭晃堂 (1978)
[4] 小澤孝夫,『電気回路Ⅱ ―過渡現象・伝送回路編―』, 昭晃堂 (1980)
[5] 松瀬貢規, 磯田八郎, 荒隆裕,『基礎電気回路 〈上〉』, オーム社 (2004)
[6] 松瀬貢規, 土屋一雄, 荒隆裕,『基礎電気回路 〈下〉』, オーム社 (2004)
[7] 吉野純一, 高橋孝,『電気回路の基礎と演習』, コロナ社 (2005)
[8] 吉野純一, 高橋孝, 大杉功, 米盛弘信,『続 電気回路の基礎と演習 (三相交流・回路網・過渡現象編)』, コロナ社 (2005)
[9] 髙田和之, 坂貴, 井上茂樹, 愛知久史,『電気回路の基礎と演習 (第2版)』, 森北出版 (2005)
[10] 山口作太郎,『電気回路Ⅰ 新インターユニバーシティ』, オーム社 (2010)
[11] 佐藤義久,『電気回路Ⅱ 新インターユニバーシティ』, オーム社 (2010)
[12] 服藤憲司,『例題と演習で学ぶ電気回路』, 森北出版 (2011)
[13] 佐藤義久,『電気回路基礎 新インターユニバーシティ』, オーム社 (2010)
[14] 中村福三, 千葉明,『電気回路基礎論』, 朝倉書店 (1999)
[15] 曽根悟, 檀良,『電気回路の基礎』, 昭晃堂 (1986)
[16] 仁田旦三,『電気工学通論』, 数理工学社 (2005)

索　引

あ　行

アドミタンス　48

位相　35
位相差　35
一般解　91
インピーダンス　48

s 関数　106

オイラーの公式　40

か　行

過減衰　96
重ね合わせの理　24
過渡現象　89

逆ラプラス変換　106
キャパシタンス　11
Q 値　70
共振　68
共振曲線　70
共振周波数　69
共振状態　69
極座標表示　37
キルヒホッフの第一法則　21
キルヒホッフの第二法則　22
キルヒホッフの法則　21

減衰振動　98

合成リアクタンス　69
交流ブリッジ回路　66
交流ブリッジ回路の平衡条件　66
コンダクタンス　48

さ　行

サセプタンス　48
差動結合　128
三相交流　135

自己インダクタンス　7
実効値　35
時定数　91
ジュール熱　3
瞬時電力　82

正弦波交流　34
静電容量　11
線間電圧　140
線電流　143

相互インダクタンス　126
相互誘導　125
相互誘導回路　125
相電圧　140
相電流　143

索　引

た 行

対称三相交流　136, 160
単相交流回路　135

中性点　138
直列共振　69

T型等価回路　129
t の関数　106
抵抗　3
抵抗の合成　5
抵抗率　3
Δ 結線　138

導電率　3
特性方程式　90
特解　90

は 行

倍率器　19

皮相電力　86

フェーザ　37
フェーザ表示　37
複素数表示　37
ブリッジ回路　29
ブリッジ回路の平衡条件　29
ブリッジ回路の平衡状態　29
分流器　20

平均値　35

並列共振　72
変圧器　131
変圧比　131

ホイートストンブリッジ回路　30
鳳–テブナンの定理　27

ま 行

無効電力　84

や 行

有効電力　83
誘電率　11
誘導性負荷　69, 72
誘導リアクタンス　44

容量性負荷　69, 72
容量リアクタンス　46
余関数　90

ら 行

ラプラス変換　105, 106

力率　86
力率角　86
臨界減衰　97

わ 行

Y 結線　138
和動結合　128

著者略歴

大 橋 俊 介
おお はし しゅん すけ

1988年　大阪府立天王寺高等学校卒業
1992年　東京大学工学部電気工学科卒業
1994年　東京大学大学院工学系研究科修士課程修了
1997年　東京大学大学院工学系研究科博士課程修了　博士（工学）
同　年　関西大学工学部電気工学科助手
2011年　関西大学システム理工学部電気電子情報工学科　教授

主要著書
電気回路（数理工学社，2012）

電気・電子工学ライブラリ＝UKE-ex.2
演習と応用 電気回路

2014年11月10日ⓒ　　　　　　初　版　発　行

著者　大橋俊介　　　発行者　矢沢和俊
　　　　　　　　　　印刷者　杉井康之
　　　　　　　　　　製本者　関川安博

【発行】　　　　　　株式会社　数理工学社
〒151–0051　東京都渋谷区千駄ヶ谷1丁目3番25号
編集 ☎(03)5474–8661（代）　サイエンスビル

【発売】　　　　　　株式会社　サイエンス社
〒151–0051　東京都渋谷区千駄ヶ谷1丁目3番25号
営業 ☎(03)5474–8500（代）　振替 00170-7-2387
FAX ☎(03)5474–8900

印刷　（株）ディグ　　　製本　関川製本所
《検印省略》
本書の内容を無断で複写複製することは，著作者および出版者の権利を侵害することがありますので，その場合にはあらかじめ小社あて許諾をお求め下さい．

ISBN978-4-86481-019-7
PRINTED IN JAPAN

サイエンス社・数理工学社のホームページのご案内
http://www.saiensu.co.jp
ご意見・ご要望は
suuri@saiensu.co.jp まで．